水利水电工程安全监测
智能设备及系统

李端有　黄跃文　周芳芳　牛广利 等　著

科学出版社

北　京

内 容 简 介

安全监测是保障水利水电工程安全稳定运行的重要技术措施，随着自动化与信息化技术的快速发展，水利水电工程自动化安全监测得到了越来越广泛的应用。水利水电工程安全监测因具有测点类型多、分布范围广、工作场景多样化等特点，对自动化采集设备的通信速度、多场景适应性及运行稳定性和可靠性等方面提出更高的技术要求。另外，水利水电工程安全监测平台系统往往被视为专业应用系统，采用定制开发和独立部署的模式，导致系统投资较大且升级与运维困难，这给基于不断更新的监测数据的工程智能安全监控实时预警造成技术阻碍。本书创造性地运用物联网、大数据、人工智能等新一代信息技术，围绕"数据通信更高效、场景适用更广泛、监测预警更智能"的总体技术目标，研发具有自主知识产权的 CK 系列智能化安全监测成套采集及传感设备，构建实时、精准、高效的安全监测物联网络，并建立融合智慧管理、专业分析、监控预警的智能云服务平台系统。

本书适合对水利水电工程安全监测有兴趣，或者本技术领域的科研、运行、维护等管理和技术人员阅读。

图书在版编目（CIP）数据

水利水电工程安全监测智能设备及系统 / 李端有等著. -- 北京：科学出版社, 2024. 11. -- ISBN 978-7-03-080079-4

I. TV513

中国国家版本馆 CIP 数据核字第 2024CH0400 号

责任编辑：何　念　王　玉/责任校对：高　嵘
责任印制：彭　超/封面设计：无极书装

科学出版社 出版

北京东黄城根北街 16 号
邮政编码：100717
http://www.sciencep.com

武汉精一佳印刷有限公司印刷
科学出版社发行　各地新华书店经销

*

开本：787×1092　1/16
2024 年 11 月第 一 版　　印张：12 1/4
2024 年 11 月第一次印刷　　字数：288 000

定价：158.00 元
（如有印装质量问题，我社负责调换）

作 者 简 介

李端有（1965—），湖北鄂州人，长江水利委员会长江科学院正高级工程师，主要从事工程安全监测理论和方法、地质灾害监测及预警等技术研究。

黄跃文（1984—），湖北武汉人，长江水利委员会长江科学院高级工程师，主要从事水利安全监测自动化及信息化技术研究。

周芳芳（1988—），湖南邵东人，长江水利委员会长江科学院高级工程师，主要从事水利安全监测自动化技术研发及应用研究。

牛广利（1991—），安徽亳州人，长江水利委员会长江科学院高级工程师，主要从事安全监测信息化应用研究工作。

毛索颖（1989—），湖北黄冈人，长江水利委员会长江科学院高级工程师，主要从事水利安全监测自动化技术研发及应用研究。

前　言

　　水利水电工程的安全运行关系着其影响范围内人民群众的生命财产安全及社会经济发展。水利水电工程安全监测作为工程安全管理最重要的技术手段之一，是掌握工程安全性态、发挥工程各项效益的前提。

　　水利水电工程安全监测技术实践发展至今，安全监测自动化技术已在大型工程中得到一定比例的应用。《中华人民共和国国民经济和社会发展第十四个五年规划和 2035 年远景目标纲要》明确提出建设现代化基础设施体系，其中特别强调将"数字转型、智能升级"作为统筹推进现代化基础设施体系建设的重要目标。在国家层面需求的驱动下，水利水电工程安全监测技术正逐步朝着实现智能安全监控预警的目标发展。以此为目标，我国水利水电工程安全监测工作仍存在着较为明显的技术短板：①自动化采集设备技术落后，新型传感、电子、通信网络等技术应用较少，集成化、低功耗、通用性等方面性能不足；②变形监测类传感器的智能化程度不高，数据通信交互不便利，实时监测能力不足；③需要针对每个水利水电工程定制开发和独立部署安全监测软件系统，缺乏通用化系统平台，无法实现多个水利水电工程安全监测信息的集中管控；④当前安全监测软件多为配套采集软件，仅停留在数据采集与数据管理阶段，未深入开发资料分析功能，无法发挥安全监测实时监控预警的作用。

　　从实现智能安全监控预警的角度看，将物联网、云平台、大数据等新一代技术与传统安全监测技术融合，研发具有自主知识产权的智能安全监控预警一体化系统，是一项具有前瞻性和较强实践性的工作，对实现水利水电工程安全监测的"数字转型、智能升级"有显著的基础性价值。

　　本书的技术内容主要包括以下三个部分。

　　（1）水利水电工程多场景变形监测的智能感知技术。研制变形监测智能感知设备，"智能地"感知被监测对象的各类性态响应行为，可实现水工建筑物及边坡变形线性分布式自动测量。

　　（2）水利水电工程的安全监测智能采集技术。研制成套的智能采集设备，为安全监测传感器高效采集、快速传输、智能分析提供精准可靠的技术手段，结合安全监测物联网平台，建立高并发同步处理机制，可实现大型安全监测自动化系统的高效、可靠的数据采集通信。

　　（3）融合智慧管理、专业分析、监控预警的智能云服务平台系统。系统基于云端部署、分布式架构，为大坝的安全运行提供高效、智能的技术保障。融合监测物理量智能预测及监控模型可实现大坝安全信息统一管理、智能整编、专业分析与监控预警，为大坝的安全运行提供高效、智能的技术保障。

本书由李端有、黄跃文、周芳芳、牛广利和毛索颖共同撰写，内容围绕智能感知、智能采集、监控预警云平台三个方向展开，叙述相关设备及系统在技术创新、设备研制、平台研发、集成化应用等方面的具体内容。李端有主要撰写本书的提纲、绪论部分，黄跃文、周芳芳、毛索颖主要撰写智能采集和智能感知方面的内容，牛广利主要撰写监控预警云平台方面的内容。

感谢在本书撰写过程中提供帮助的领导、同事和编辑。感谢各位读者的阅览，书中难免有疏漏及不妥之处，望各位读者批评指正，也欢迎提出的宝贵意见。

作 者

2024 年 6 月于武汉

目　录

第1章 绪 论

1.1 技术背景

水利水电工程是水旱灾害防御、水资源配置、水力发电、农业生态和交通航运的基础设施，对保障国家水安全和经济社会可持续发展起到不可替代的支撑作用。水利水电工程的安全运行关系着其影响范围内人民群众的生命财产安全及社会经济发展。保障水利水电工程安全至关重要，工程一旦失事将会带来不可估量的损失。近年来，四川涪江流域 13 座水库发生漫坝险情、美国奥罗维尔水库（Oroville Reservoir）溢洪道破坏、老挝桑片-桑南内（Xe-Pian Xe-Namnoy）水电站副坝溃坝等一系列事件表明水利水电工程安全风险依然存在[1]。

2021 年 3 月全国两会发布的《中华人民共和国国民经济和社会发展第十四个五年规划和 2035 年远景目标纲要》明确提出加强水利基础设施建设，维护水利基础设施安全，从国家安全战略高度将维护水利、电力等基础设施安全问题纳入了确保国家经济安全的重要组成部分。水利水电工程安全对保障防洪安全、供水安全、水生态安全等至关重要，为全面建设社会主义现代化国家提供有力的支撑和保障。

安全监测是保障水利水电工程安全稳定运行的重要技术措施，通过安全监测及时捕捉被监测对象在外荷载作用下的物理响应[2]，掌握工程的工作性态，诊断工程的健康状况，及时发现异常并采取相应的处理措施，确保工程安全运行[3]。工程安全监测主要是通过仪器监测和巡视检查对工程大坝主体结构、地基基础、高边坡、相关设施及周围环境所做的测量及观察[4]。

近年来，随着自动化与信息化技术的快速发展，水利水电工程自动化安全监测得到了越来越广泛的应用[5]。然而，我国水利水电工程安全监测工作仍存在着较为明显的短板，主要体现在以下几个方面。

（1）自动化采集设备技术落后，新型传感、电子、通信网络等技术应用较少，集成化、低功耗、通用性等方面考虑不够，部分工程的安全监测自动化系统运行稳定性较差。

（2）当前基于满足安全监测物理层面需求的监测技术理念已无法适应新的技术发展趋势，迫切需要智能感知被监测对象的各类响应行为，从而实现从"物理采集"层面向"智能感知"层面的技术跨越。

（3）针对每个水利水电工程定制开发和独立部署安全监测软件系统，投资较大，且在软件、硬件上均存在较大的资源浪费，缺乏通用化系统平台，更无法实现流域开发公司、集团公司多个水利水电工程大坝安全信息的集中管控。

（4）现场安全监测专业人员缺乏，管理水平较低，所使用的安全监测软件多为配套采集软件，仅停留在数据采集与数据管理阶段，只能进行简单的资料整编工作，未开发深入的资料分析功能，更缺少水利水电工程安全监控方面的应用，不具备安全监测实时监控预警的功能。

在推动新阶段水利高质量发展的进程中，要求以安全为底线，2021 年，水利部先后出台了《关于大力推进智慧水利建设的指导意见》《智慧水利建设顶层设计》《"十四五"智慧水利建设规划》《"十四五"期间推进智慧水利建设实施方案》等系列文件。2022 年3 月 30 日，水利部印发《数字孪生水利工程建设技术导则（试行）》，明确提出了持续提升监测预警和应急响应能力的要求。

从提升水利水电工程安全监测管理水平的角度看，将物联网、大数据、人工智能等新一代技术与传统水利行业融合，研发具有自主知识产权的智能安全监控预警成套系统，是一项具有前瞻性和较强实践性的工作，对实现智慧水利建设有显著的基础支撑性价值。

1.2　安全监测技术发展现状与存在的问题

1.2.1　安全监测变形感知技术

近年来，随着工程安全监测技术的快速发展，变形、应力、渗流等各类工程安全监测传感仪器不断涌现。变形监测由于其直接获取建筑物结构在外荷载作用下的位移（或形变）响应行为，能够直观反映建筑物的安全性态。同时，由于变形监测数据的物理意义相对明确，便于理解，可靠性相对容易保证，变形监测数据通常也被用于佐证其他类型监测数据（如渗流、温度等）的合理性及可靠性[6]。

鉴于变形监测的重要性和基础性，工程界对变形监测技术的研究起步相对较早，目前为止，基于不同技术原理、面向不同应用场景、针对不同数据获取需求的各类变形监测技术已进入发展相对成熟期[7]，相关监测仪器设备的技术研发水平已能够较好地满足工程安全监测的物理层面需求[8]。

测斜仪作为变形监测的常用仪器被广泛应用，特别是固定式测斜仪由于运输、安装和配套土建少且能多点监测，在大坝内部变形中获得广泛应用。但目前的固定式测斜仪节点采用固定结构，只能适应整体倾斜，层架不能存在不均匀沉降，且采用的 RS485 传统通信方式，易出现通信不稳定的情况，同时忽略对双轴正交问题进行处理，影响了测量结果的精度。

阵列式位移计可全方位监测不稳定体的变形情况，能够灵活地以任意姿态布设在不稳定体的任何部位，采集到的各个监测部位的三维坐标信息，可用于洞室收敛变形监测，边坡表面和深部变形监测，能准确地获取监测体的变形情况，从而实现变形分析与预警。阵列式位移计主要有加拿大的形状加速阵列（shape accel array，SAA）和韩国的 3D 地面行为监测系统（ground behavior monitoring system，GBMS），SAA 除在黄河拉西瓦水电站进行滑坡变形监测，还在丰宁抽水蓄能电站进行滑坡及坝体变形监测，还有一些应用于铁路、市政建设行业。

水平位移作为变形监测另一种重要方式，是大坝在内、外荷载和地基变形等因素作用下最直观、有效的状态反映，是判定大坝结构是否安全的一项重要指标。常用的水平位移自动监测仪器有引张线仪和垂线坐标仪等，光电式水平位移监测仪器已逐步取代步进电机光电跟踪式和电容感应式仪器，成为水工结构水平位移监测的主流仪器，可满足大部分工程监测实践的需求。

传统的光电式引张线仪和垂线坐标仪仍存在不能独立采集、无法自适应光线等不足，仪器需连接自动化数据采集单元，按照采集单元的指令进行采集，仅通过"被动获取数据"实现常规的自动化采集，数据上传时效性受影响，且无法实时计算变形量，这将制约大坝变形监测实时感知体系的建立。

1.2.2　安全监测采集及通信技术

国外对安全监测自动化采集的研究起步相对较早，国际著名的制造企业有美国GEOKON 公司、加拿大 ROCTEST 公司、美国 CAMPBELL 公司、澳大利亚 DataTaker公司及意大利 SISGEO 公司等。这些公司开发出的具有稳定性能与高精度的传感器及二次测试仪，广泛应用于世界各国的工程监测和控制领域。然而，这些国外的产品由于价格较高及后期安装、维护不便等，在国内的应用往往受到一定限制。此外，上述公司一般为硬件产品生产厂家，不具备安全监测资料分析、预报、预警等方面的技术能力，无法根据国内水利工程的特点提供从采集、传输到资料分析预警的整套解决方案。

我国的安全监测自动化采集研制工作起步于 20 世纪 70 年代末，从差阻式内观仪器的自动化技术开始，工程安全监测采集技术取得了快速发展，2001 年 6 月，水利部发布了《大坝安全自动监测系统设备基本技术条件》（SL 268—2001），这给大坝数据采集系统确定了规范和要求，使得大坝安全监测数据采集有章可循，有理可依，并逐步走上了标准化、规范化的道路。随着自动化仪器设计制造水平逐渐提高，工程安全监测采集设备不断涌现，目前国内应用较多的是基康仪器股份有限公司、南京南瑞水利水电科技有限公司等厂家生产的安全监测自动化采集设备，此类设备一般采用分布式采集、RS485通信、集中式管理的模式，能够满足监测数据的汇聚和统一存储[9]。

随着智慧水利的推动建设，对监测自动化采集装置的通信速度、工程适用性和智能化程度提出了更高要求，目前国内厂家的监测自动化采集装置普遍存在通信方式单一、硬件处理平台配置不高、无法远程维护设备等不足[10]，且配套的采集软件只具有采集数据及存储等功能，无法将采集的数据进行分类、处理及分析，难以满足水利行业快速发展需要。当前国内迫切需要将互联网、物联网、无线通信、低功耗高速芯片等技术与监测仪器的高精度采集技术相融合，系统解决当前工程安全监测采集设备存在的问题，通过研制安全监测智能采集成套设备，为水利水电工程的智能化发展提供系统化的数据来源和强有力的技术支撑。

1.2.3　云服务平台技术

在国外，发达国家在大坝安全信息管理系统方面非常重视，如法国电力公司开发了大坝监测信息管理系统，该系统可对各种类型的自动化或人工采集数据进行处理，利用Internet/Intranet进行通信，实现对监测信息的分层管理，该系统除用于法国的250多座大坝的监测之外，还在阿根廷、多哥等多个国家得到应用。意大利是最早将人工智能技术引入大坝监测信息处理领域的国家[11]，开发了大坝安全监测的决策支持系统，系统包括提供数据的信息层，用于管理、解释和显示数据的工具层及基于 Internet 技术的综合层，该系统采用定性因果关系网络模型对各类监测和结构信息进行综合分析，并采用专家系统技术开发了针对自动化监测在线检查的子系统，该系统已经得到了长时间的实际应用。

在国内，现有大坝安全相关软件系统多为安全监测自动化系统的配套软件[12]，主要具备数据采集与数据管理功能，资料分析功能较少，更缺乏大坝安全监控方面的应用，无法实现实时监控预警。

我国成立的水利部大坝安全管理中心、国家能源局大坝安全监察中心分别负责对水利、水电站大坝安全运行提供技术监督服务和管理保障，并建立了相应的大坝安全监管系统。近年来，我国部分省（区、市）成立了大坝安全管理中心负责水库大坝安全管理工作的行政监督，流域开发公司和集团公司陆续成立了大坝安全监测中心或库坝管理中心，并采用物联网、云计算、大数据、移动互联网建设大坝安全管理平台，例如，湖南省大坝安全监测中心建立了湖南省区域（流域）水库群大坝安全监控与管理系统；广西大坝水闸安全监测中心建立了广西壮族自治区水库大坝安全运行在线辅助监管系统；雅砻江流域水电开发有限公司、国电大渡河流域水电开发有限公司分别建立了大坝安全监测信息管理系统，并逐步接入所管辖的流域水电站；中国三峡建工（集团）有限公司已建成覆盖公司所有水利水电工程的、统一的大坝安全监测分析系统，实现安全监测信息的集中管控和统一分析。

总体来说，大坝安全信息化应用正在紧密结合物联网、大数据、云计算、移动互联网等新一代信息技术的发展，积极向集中化、通用化、智能化方向提升，未来可为水库大坝安全管理提供全生命周期全方位的信息化支撑服务。

1.2.4　安全监测预警技术

随着工业化和现代化进程的推进，当前诸多大型水电站（如溪洛渡水电站、向家坝水电站、乌东德水电站、白鹤滩水电站）的安全监测感知技术正朝着高精、高效、智能化的方向发展，以实现对大坝运行状态和服役环境的实时记录和感知。在此过程中产生了大量的监测数据，累积形成了包括时序、文本、音频、视频及图像等一系列结构化和非结构化的监测数据，促使大坝安全监测正逐步进入"大数据"时代[13]。这些数据往往规模巨大、类型繁多、结构复杂，呈现出多源、异构的数据特征，其中包含的丰富信息也成为一种新的社会资源[14]。因此，研究如何利用先进的理论与方法，充分地分析和挖掘出这些监测数据中蕴含的潜在价值，对大坝运行状态实现高效、准确的监控、分析和识别，成为大坝安全监测领域面临的新问题。

目前，大坝运行维护与管理的实施很大程度上依赖于人工方式对监测数据资料进行分析，以此对大坝安全状态做出评估，进而制定有效的安全运维管理方案。但运行环境异常、人为因素干扰及采集设备故障等，大坝安全监测数据中往往混杂大量与结构安全状态无关的异常值、缺失值、延迟等数据，导致数据质量下降，严重降低大坝安全分析的准确性[15]。因此，在面对这些大规模监测数据时，仍依靠以往的人工方式对监测资料进行分析计算无法实现大坝安全状态高效、精准、可靠的评估和监控。

近年来，采用人工智能技术进行大数据分析取得了突破性进展[16]，基于人工智能技术的数据分析与处理方法以强大的建模和表征能力在图像、文本、自然语言、高维数据等数据分析与应用方面取得了丰硕的成果[17]。机器学习和深度学习作为人工智能技术领域重要的分支，能够高效地从大量数据中提取数据特征及模式[18]，在数据分析与处理方面得到广泛应用，这为基于海量大坝安全监测数据进行数据分析与监测预警提供了高效可靠的途径。

基于监测数据对大坝进行安全评价可以有效监测大坝运行安全情况，目前进行大坝安全评价主要采用基于单个或多个测点监测数据的监控模型，包括统计模型、确定性模型和混合模型，常用的评价方法模型有模糊综合评价法、层次分析法、遗传神经网络模型、回归分析法等[19]。上述监控模型大多针对同一类型的监测数据，普遍描述"非此即彼"的确定性问题且存在模型主观性过强的缺陷。而大坝是一个工作条件和环境均非常复杂的系统，受水文气象、地质条件、筑坝材料、体型尺寸等多个因素的影响，需要将大坝多源监测信息融合并从整体上进行综合分析评判大坝的安全运行状态。考虑到大坝的监测信息也具有不确定性，大坝安全状态及其评价指标的评语集"正常"、"基本正常"与"轻度异常"等之间存在模糊的渐变过程。上述方法在解决问题时存在局限性，难以反映评价体系的复杂性。

1.3　本书主要成果

针对水利水电工程安全监测具有的测点类型多、分布范围广、工作场景多样及智能安全监控预警难度大等问题，本书提出一套具有自主知识产权的智能化安全监测成套采集及传感设备，通过建立实时、精准、高效的安全监测物联网络，形成融合智慧管理、专业分析、监控预警的云服务平台系统，达到工程安全"数据通信更高效、场景适用更广泛、监控预警更智能"的总体技术目标，为保障我国水利水电工程安全稳定运行提供新的信息化管理手段和决策支持系统。

本书从智能感知、智能采集、监控预警云平台三个方向，通过技术攻关、设备研制、平台研发、集成化应用等全链条技术创新，形成适用性强的实践化技术及产品，全面提升水利水电工程安全智能监控与智慧管理技术水平。

（1）智能感知：研发适合水利水电工程多场景变形监测的智能感知技术，通过研究姿态实时判断、投影识别等数据分析方法，研制变形监测智能感知设备，"智能地"感知被监测对象的各类性态响应行为，建立多通信方式的交互网络和多源监测数据的实时感知体系，为多类型物理量的数据获取提供高适应性的技术手段，实现变形监测从"物理采集"层面向"智能感知"层面的技术跨越。

（2）智能采集：针对水利水电工程安全监测测点数量多、分布范围广等特点，研发适合水利水电工程的安全监测智能采集技术。研究谱插值算法、自适应自诊断等高精度、高适用性的采集技术；研究物联高并发和同步策略处理机制，实现大型监测系统的高效巡测；研制成套的智能采集设备，为安全监测传感器高效采集、快速传输、智能分析提供精准可靠的技术手段。

（3）监控预警云平台：研发基于云端部署、分布式架构的通用化大坝安全智能监控预警平台，实现大坝安全信息统一管理、专业分析与监控预警。结合"安全监测预警技术"的研究成果，实现水利水电工程智能监控预警云服务。

技术成果为水利水电工程安全监测提供了软硬件一体化智能解决方案，为工程全生命周期安全监测及监控预警提供云服务，本书成果如下。

（1）研发水利水电工程多场景变形监测的智能感知技术。提出加速度-三维坐标-姿态耦合的变形算法，研制相应技术的阵列式位移计，实现水工建筑物及边坡变形线性分布式自动测量。研发基于光电传感器的反馈式自适应调光技术，提出基于边缘计算的投影识别算法，实现光照强度的实时动态调整和高可靠性测量，研制相应技术的引张线仪和垂线坐标仪。

（2）研发水利水电工程的安全监测智能采集技术。提出基于谱分析算法的振弦仪器频率信号智能采集技术及工作状态鉴定技术，提升振弦仪器识振解译能力，完善振弦式监测仪器鉴定方法；研发具有自适应自诊断功能的普适型安全监测采集单元，显著提升监测系统的集成效率；研发基于工业以太网等通信协议的安全监测物联网平台，建立高并发同步处理机制，实现大型安全监测自动化系统的高效、可靠的数据采集通信。

（3）研发融合智慧管理、专业分析、监控预警的智能云服务平台系统。基于人工智能技术，提出安全监测数据粗差及系统误差智能识别方法，显著提升安全监测数据处理效率；建立监测物理量智能预测模型，较大提升预测计算效率、精度及泛化能力。研发基于云端部署、分布式架构的通用化大坝安全智能监控预警平台，实现大坝安全信息统一管理、专业分析与监控预警。

工程安全智能监测关键技术

2.1　安全监测变形感知技术

2.1.1　加速度–三维坐标–姿态耦合的变形算法

加速度–三维坐标–姿态耦合的变形算法的研发为阵列式位移计实时变形监测提供技术支撑。阵列式位移计的整个装置是一体的，现场安装时只需要把装有传感器测量单元的钢管固定到隧洞拱顶处，通信线缆也只有一条，从端口处直接引出。每个传感器测量单元的长度是固定不变的，内部具有加速度传感器，装置通过计算转换成每个传感器测量单元的三维角度，进而定位整个装置的三维空间姿态。整个装置只需沿着隧洞拱顶安装，不需要严格控制在与隧洞垂直的平面内，同样能测量隧洞断面变形。阵列式位移计在隧洞应用方法如图 2.1.1 所示。

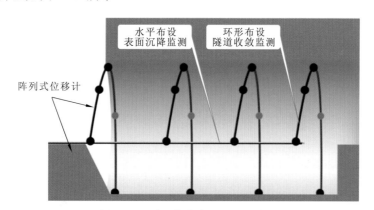

图 2.1.1　隧洞收敛变形监测示意图

通过阵列式位移计实现实时自动测量隧洞断面变形的方法如下。

步骤一：将多个传感器测量单元使用柔性关节串联后悬吊于隧洞内壁，各个传感器测量单元的通信模块通过控制器局域网（controller area network，CAN）总线通信线缆依次串联，首个传感器测量单元与数据采集器连接。

步骤二：数据采集器发送控制指令给各个测量单元的微处理器，微处理器控制与其连接的加速度传感器采集模块测得 X、Y、Z 三个轴上的加速度 A_{XOUT}、A_{YOUT}、A_{ZOUT}，微处理器根据三个加速度计算出加速度传感器采集模块三个轴与重力矢量之间的夹角

θ、ψ、φ。

步骤三：每个传感器测量单元预先按照顺序编址，根据自身设备号，通过 CAN 总线的方式分时输出传感器测量单元三个轴与重力矢量之间的夹角。

步骤四：数据采集器或上位机根据各个传感器测量单元报送的角度值，计算出各个传感器测量单元末端点坐标，进而得到整个装置的三维图形及在隧洞断面平面内的投影。

步骤五：装置安装完毕后，首次报送的坐标值作为整个装置的初始值，后续报送的数据作为实时监测数据，可实时监测装置的三维图形及在隧洞断面平面内的投影的变化，监测隧洞断面的变形情况。

各个传感器测量单元的微处理器不计算传感器在三维图形中的坐标，而是单独确定加速度传感器采集模块每条轴与参考位置之间的夹角。参考位置选择器件的重力场（1g 场）。A_{XOUT}、A_{YOUT}、A_{ZOUT} 三个值是加速度传感器采集模块的输出值，表示加速度传感器采集模块在 X、Y、Z 三个轴上的输出加速度（图 2.1.2）。

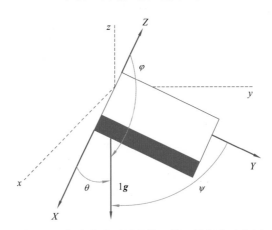

图 2.1.2　每个传感器测量单元的三轴角度示意图

加速度传感器采集模块将三个加速度输出给微处理器，微处理器根据所述三个加速度计算出加速度传感器采集模块三个轴与重力矢量（1g 场）间的夹角 θ、ψ、φ。其中，θ 表示加速度传感器采集模块的 X 轴与重力矢量（1g 场）之间的夹角，ψ 表示加速度传感器采集模块的 Y 轴与重力矢量（1g 场）之间的夹角，φ 表示加速度传感器采集模块的 Z 轴与重力矢量（1g 场）之间的夹角。计算公式如下。

$$\theta=\cos^{-1}\left(\frac{A_{\text{XOUT}}}{\sqrt{A^2_{\text{XOUT}}+A^2_{\text{YOUT}}+A^2_{\text{ZOUT}}}}\right) \tag{2.1.1}$$

$$\psi=\cos^{-1}\left(\frac{A_{\text{YOUT}}}{\sqrt{A^2_{\text{XOUT}}+A^2_{\text{YOUT}}+A^2_{\text{ZOUT}}}}\right) \tag{2.1.2}$$

$$\varphi=\cos^{-1}\left(\frac{A_{\text{ZOUT}}}{\sqrt{A^2_{\text{XOUT}}+A^2_{\text{YOUT}}+A^2_{\text{ZOUT}}}}\right) \tag{2.1.3}$$

当加速度传感器采集模块的 X、Y、Z 轴与空间的 x、y、z 三个轴重合时，空间的 x、y、z 三个轴指的是图 2.1.2 中虚线位置，θ、ψ、φ 的角度依次为 90°、90°、180°。

每个传感器测量单元将通过 CAN 总线方式输出三个角度值到数据采集器及上位机，整个装置的三轴坐标计算方法如下。

每个传感器测量单元的角度依次是（θ_1、ψ_1、φ_1）、（θ_2、ψ_2、φ_2）…（θ_i、ψ_i、φ_i），由于柔性关节的长度固定，相对于传感器测量单元的长度，其长度较短且在安装过程中弯曲角度较小，在实际计算时，把柔性关节长度拟合成传感器测量单元的一部分，拟合的示意图如图 2.1.3 所示。

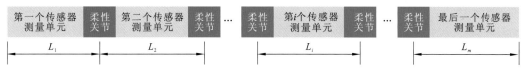

图 2.1.3　阵列式位移计的长度拟合示意图

以第 1 个传感器测量单元的始端作为计算原点，计算出第一个传感器测量单元的末端点坐标：

$$(x_1, y_1, z_1) = L_1 \times (\cos\theta_1, \cos\psi_1, \cos\varphi_1) \tag{2.1.4}$$

式中：$L_1 = L_C + \dfrac{1}{2}L_R$，$L_C$ 为每个传感器测量单元的固定长度，L_R 为柔性关节的固定长度。

第 2 个传感器测量单元的末端点坐标为

$$(x_2, y_2, z_2) = [(x_1 + L_2 \times \cos\theta_2), (y_1 + L_2 \times \cos\psi_2), (z_1 + L_2 \times \cos\varphi_2)] \tag{2.1.5}$$

式中：$L_2 = L_C + L_R$。

第 i 个传感器测量单元的末端点坐标为

$$(x_i, y_i, z_i) = [(x_{i-1} + L_i \times \cos\theta_i), (y_{i-1} + L_i \times \cos\psi_i), (z_{i-1} + L_i \times \cos\varphi_i)] \tag{2.1.6}$$

式中：$L_i = L_C + L_R$。

最后一个传感器测量单元的末端点坐标为

$$(x_m, y_m, z_m) = [(x_{m-1} + L_m \times \cos\theta_m), (y_{m-1} + L_m \times \cos\psi_m), (z_{m-1} + L_m \times \cos\varphi_m)] \tag{2.1.7}$$

式中：$L_m = L_C + \dfrac{1}{2}L_R$。

这样就可以计算出整个装置的三维坐标。

2.1.2　基于线阵 CCD 的反馈式自适应调光及边缘侧分析技术

基于线阵电荷耦合器件（charge coupled device，CCD）的变形监测仪器均采用了边缘侧分析技术，启动事件策略时将进行环境量参数的识别及自动分析，根据现场情况及已测量的数据进行分析后，启动自适应调光机制或根据阈值报警机制自动修改时间策略，实现设备的智能感知。

仪器应用的微处理器芯片使用 C 语言进行嵌入式编程，由于垂线坐标仪具有数码管显示界面，需要不断采集当前垂线的位移值，所以在保证通过设定的采集时间及通信指令进行采集触发的情况下，还需不断进行实时采集，通过数码管界面进行显示。采集指令主要包括线阵CCD采集模块的控制指令和LED灯的控制指令，为保证仪器测量的可靠性，防止两个轴的平行光相互影响，两个轴的采集控制需轮流进行。微处理器输出时序和电平对线阵CCD采集模块进行控制，按照模块的时序要求，线阵CCD采集模块会输出固定时间长度且一定范围内的电压，微处理器通过内置的模/数转换器（analog-to-digital converter，ADC）对电压按时序进行采集，每个时钟输出的电压对应的是线阵 CCD 每个像素点的感光值，通过对保存的数据进行解析，判断被遮光的位置，从而定位垂线坐标仪的位移。

　　微处理器在上电时会进行各个功能的初始化处理，具体的程序流程如图 2.1.4 所示，在循环程序中读取通信指令的标志位及设定采集时间的标志位；读取到通信指令的标志位时，会按照通信指令进行相关指令的操作；读取到设定采集时间标志位时，会依次使两个线阵 CCD 采集模块采集当前的数据，数据处理后按自定义的数据格式进行存储；未读取到指令时，会依次使两个线阵 CCD 采集模块采集当前数据，但不进行存储，而是通过数据管进行显示。

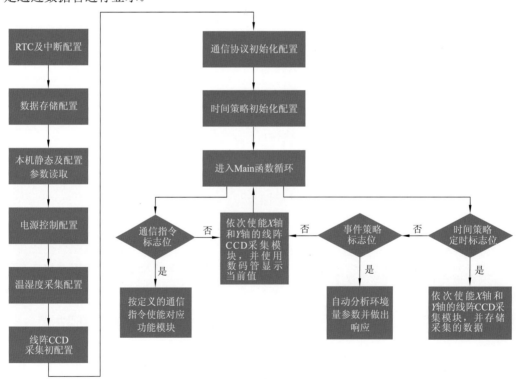

图 2.1.4　采集和通信流程图
实时时钟（real-time clock，RTC）

　　事件策略将进行环境量参数的识别及自动分析，根据现场情况及已测量的数据进行分析后，启动自适应调光机制或根据阈值报警机制自动修改时间策略，实现设备的智能感知。

对线阵 CCD 采集模块的控制及采集数据的处理是微处理器的核心部分，通过对采集数据的分析、异常数据过滤、阴影范围阈值分析及确定、阴影数据选定、范围均值计算等步骤，从而确定垂线坐标仪单个轴的位置，另一个轴运用同样的方式，但两个值在初测完成后，需要采用结合校准参数计算后才能输出有效值，具体处理流程如图 2.1.5 所示。

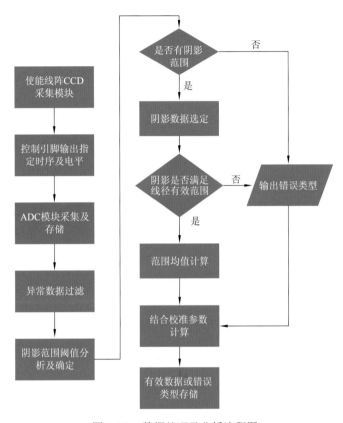

图 2.1.5　数据处理及分析流程图

目前大部分厂家应用 LED 灯作为光源进行线阵 CCD 采集时，一般采用滑动电阻来手动调配 LED 灯的光照强度，由于 LED 灯的出厂批次不同，适配的电阻值存在较大差异，用手动方式进行调节时，需人工肉眼判断光照强度，且手动调节方式烦琐复杂，需依靠调试人员的经验，实时人工查看线阵 CCD 采集值并进行核对，误差范围较大，影响仪器测量精度。

此方法只能在设备安装前进行，一旦设备安装完毕，就难以修改参数，当现场应用中因现场环境对平行光产生影响时，设备无法自动调整适应，传统线阵 CCD 引张线仪及垂线坐标仪出现测值不稳定、跳动较明显等问题，将会给后续监测数据的分析及变形监测预警带来较大阻碍。

本书提出一种线阵 CCD 引张线仪和垂线坐标仪自适应调光机制，通过数字电位器、光源、透镜、线阵 CCD 传感器形成反馈式自适应调光控制系统，光源通过透镜后产生平行光，微处理器运用梯度分类、阈值判定、中值滤波等算法，对线阵 CCD 的像素点进行特征值提取和目标定位分析，自动识别光照强度，从而控制数字电位器，实现平行光光照强度自动调节技术（图2.1.6）。

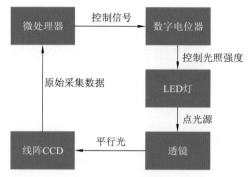

图2.1.6　基于线阵CCD的自适应调光示意图

本书采用2 592个像素点的线阵CCD，当平行光照射到线阵CCD时，线阵CCD输出原始采集数据到微处理器，即每个像素点对应输出一个电压值。微处理器对原始值进行梯度分类、阈值判定、中值滤波等算法计算，分析线阵CCD的像素点的特征，而动态调整数字电位器的输出值，从而实现平行光光照强度自动调节。微处理器的处理流程如图2.1.7所示。

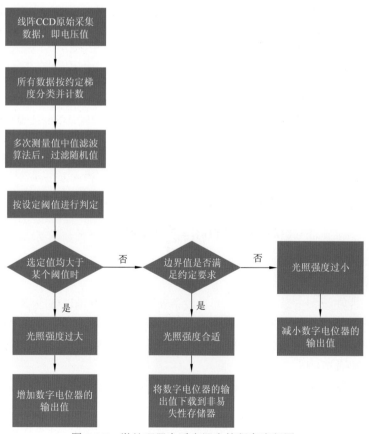

图2.1.7　微处理器自适应调光的程序流程图

2.2　安全监测采集及通信技术

2.2.1　基于谱分析的智能采集和工作状态鉴定技术

1. 频率信号谱分析采集技术

振弦信号采集方法目前有两种思路，一种为计时采集方法，一种为频谱分析方法。两种方法各有优缺点，计时采集方法精度高，采集硬件简单，但是抗干扰能力弱。频谱分析方法对电路设计和软件算法要求较高，抗干扰能力强。通过频谱分析方法，在采集信号频率的同时，还能测量埋入式振弦传感器的回波信号信噪比、衰减率等[20]。

采集模块接收处理器模块发出激振信号，经过激振电路对振弦仪器进行激发，振弦仪器被激发后以固有频率发出回波，回波信号经过放大和滤波电路进入采集电路，采集电路以指定频率进行采样录波，采样的数据作为频谱方法的基础数据源。

频谱分析方法针对振弦仪器回波信号电压幅值的采样数据，运用离散傅里叶变换（discrete Fourier transform，DFT）方法得到 X 轴为频率，Y 轴为幅度的离散幅度谱，然后通过谱插值算法进行插值提高测量精度，并计算出主频、主频幅值、信噪比等参数。

谱插值算法是一种对正弦波信号进行频率估计的算法，Rife 算法是一种最经典的频率估计算法，它是通过对被测信号进行 DFT 或快速傅里叶变换（fast Fourier transform，FFT）运算后，利用谱线及其相邻的一根次大谱线进行插值来估计其真实频率位置。但当被测信号的真实频率处于两相邻量化频率之间的中心区域时，Rife 算法容易出现插值方向错误的问题，导致频率估计的误差。本书引入了一种 M-Rife 算法，对 Rife 算法的插值方向进行修正，算法的原理与步骤如下。

第 1 步：假设待检测样品数据为 $X=[x_1,x_2,\cdots,x_m,\cdots,x_N]$，采样点数为 N，采样率为 f_s，则最小频率间隔为 $\Delta f = f_s / N$，对采样数据 X 进行 DFT，得

$$X(k) = \mathrm{DFT}[X(n)] = \sum_{n=0}^{N-1} X(n)W_N^{kn} \tag{2.2.1}$$

其中，$W_N = \mathrm{e}^{-j\frac{2\pi}{N}}$，$k = 0,1,\cdots,N-1$。

第 2 步：对得到的每一个幅度谱坐标点的索引值进行编号：1，2，…，N，找出幅度谱线绝对值最大值 P_m，其对应的坐标索引值为 m，邻近最大幅度谱线的次大幅值为 P_{m+1} 或者 P_{m-1}。幅度谱次大值，不是在整个频谱内的第二大幅度谱值，而是指紧邻最大幅度谱值两侧的次大幅度谱值，次大幅度谱值对应的索引值为 $m+1$ 或者 $m-1$，则 $f_0 = m \times \Delta f$。

第 3 步：当检测信号载频 f_c 是 $\Delta f = f_s / N$ 的整数倍或者两条幅度谱线距离相对较远时，频率估计值即为：$f_0 = m \times \Delta f$；当检测信号载频 f_c 不是 $\Delta f = f_s / N$ 的整数倍或者两条幅度谱线距离比较近时，频率估计值就容易出现插值错误，就需对 Rife 算法的插值方

向进行修正，即进入第 4 步。

第 4 步：当 $m=1$ 或者 $P(m+1)>P(m-1)$ 时，向最大幅度谱值的右侧插值，插值方向标志 $r=1$；当 $m=-1$ 或者 $P(m+1)<P(m-1)$ 时，向最大幅度谱值的左侧插值，插值方向标志 $r=-1$。则插值估计频率为

$$f_e = \left[m + r \times \frac{P(m+r)}{P(m+r)+P(m)} \right] \times \Delta f \tag{2.2.2}$$

第 5 步：对现有的 Rife 算法进行修正，即对 f_e 判断是否位于 $\frac{1}{3}\Delta f \leqslant | f_e - f_0 | \leqslant \frac{2}{3}\Delta f$ 的范围内，若在其范围内，则 $\overline{f}_0 = f_e$；否则，进行下一步的频谱搬移。频谱搬移量为

$$\Delta r = \frac{1}{2} - \left| \frac{P(m+r)}{P(m+r)+P(m)} \right| \tag{2.2.3}$$

需说明一点的是，为了减小计算量，可以将 Δr 固定为 $1/3$，经过大量实验数据的证明，$\Delta r=1/3$ 符合实验精度的要求。

频谱搬移后的检测数据为函数为

$$X_k = X\mathrm{e}^{(2\pi nr/\Delta r)/N} \tag{2.2.4}$$

对 X_k 再进行上述的 M-Rife 算法插值计算。

当信噪比较小时，表明回波信号干扰信号较大，需要重新采集。根据首次谐波数据，选取幅值较大频率区域作为扫频区域，缩小激振频率扫频范围，二次激振后重新计算主频、主频幅值和信噪比，且主频幅值和信噪比可作为埋入式振弦类仪器质量评定参数。其软件流程图如图 2.2.1 所示。

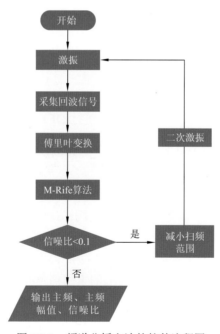

图 2.2.1　频谱分析方法的软件流程图

此项技术已应用于自主研制的安全监测采集单元，通过此方法的频率计算，采集设备可兼容国内外绝大多数厂家和种类的振弦仪器，通过全频段智能扫描，不需要进行频率档位设置，如图 2.2.2 所示。以溪洛渡水电站已安装的安全监测采集单元为例，编号为 18042308 的安全监测采集单元，通道 18 的采集仪器类型为振弦式钢筋计，采集结果：频率为 2 605.33 Hz、模数为 6 787.74、信噪比为 20.30。

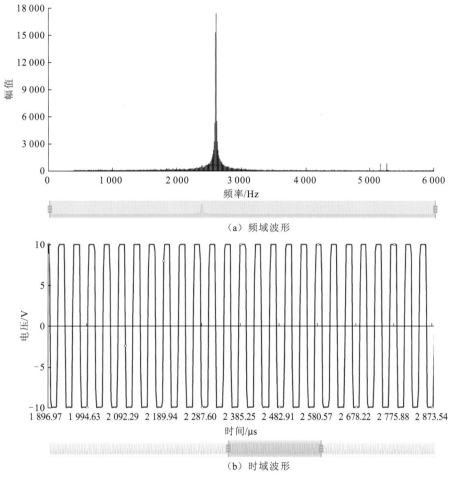

（a）频域波形

（b）时域波形

图 2.2.2　振弦仪器回波时域和频域图像

分析：时域信号回波质量高，时域信号中的信噪比较大，能够准确地捕捉信号频率（以下回波信号是放大以后信号）。

编号为 18042415 的安全监测采集单元，通道 29 采集仪器类型为振弦式锚索测力计。频率为 2 453.95 Hz、模数为 6 021.87、信噪比为 2.60。

分析：时域回波信号较为杂乱，但通过时域分析，仍能检出准确的信号频率（图 2.2.3）。

研制的安全监测采集单元中内置了基于谱插值算法的振弦仪器频率信号采集和时域采集两种方法，针对不同情况选取不同方法进行测量。该技术提高了采集振弦信号的抗干扰能力和准确度，提升了振弦仪器识振解译能力。

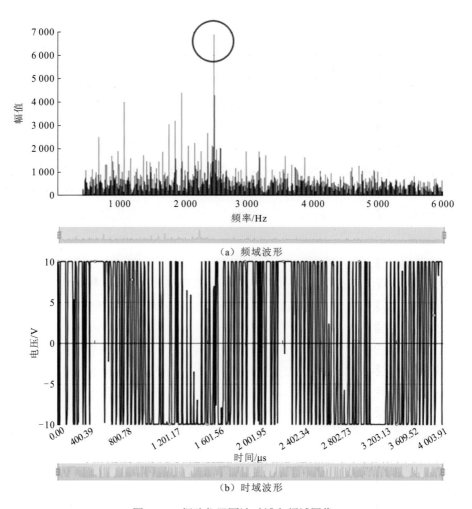

（a）频域波形

（b）时域波形

图 2.2.3　振弦仪器回波时域和频域图像

2. 钢弦式监测仪器工作状态鉴定方法

针对大坝已埋钢弦式监测仪器（又称振弦式监测仪器）长期运行中测值不可靠、现行仪器鉴定方法存在易误判的问题，本书分析振弦式监测仪器频域测频方法的特点，提出将信号频谱的信噪比、信号幅值等指标加入到仪器鉴定评价指标中。通过开展埋入式监测仪器异常工况下的时域和频域测量法的对比试验，验证新评价指标对仪器鉴定工作的优势。本书从完善现有鉴定方法的目标出发，将新的测频手段和评价指标补充到鉴定工作中，新指标对开展仪器鉴定工作具有一定的指导意义。

振弦式监测仪器因精度高、长期稳定性好等优点，在大坝安全监测中得到了广泛应用。绝大多数监测仪器在施工期被永久性埋入坝体内部，受监测仪器自身特性和恶劣外界条件的影响，随时间推移易发生不同程度的性能变化，其测值可靠性逐渐降低甚至失效[21]。因此需要定期开展仪器鉴定工作，掌握坝体已埋仪器的运行状况。

《大坝安全监测系统鉴定技术规范》（SL 766—2018）和《钢弦式监测仪器鉴定技术规程》（DL/T 1271—2013）是现行振弦式监测仪器可靠性评价的方法，均规定鉴定工作应结合"历史测值"和"现场检测"以综合评价仪器工作性态。其中"现场检测"评价环节将振弦式监测仪器的"频率测值稳定性"作为权重最高的评价指标。实践发现，当振弦测量工况中混杂较强的工频、倍频等噪声，若仍采取这种评价方法，会对仪器工作状态误判，影响部分仪器的鉴定结果的准确性。

频域测量法将时域中的波形转换为频域中的频谱信息，频域测量法引入了 2 个重要指标，信噪比、信号幅值。信噪比为频谱图上最大幅值与次大幅值的比值，信号幅值为频谱图上幅值最大值。这 2 个指标可从频谱角度反映回波信号的纯净程度、强度和质量。因此，本书将这 2 个新指标加入到振弦式监测仪器鉴定评价方法指标体系中。

1）振弦式监测仪器工作异常原因分析

振弦式监测仪器埋入坝体后，采用振弦读数仪表进行人工采集或接入自动化系统实现自动数据采集。无论是何种采集方式，在频率测值方面主要有几种异常表现：①无测值；②有测值，但测值不稳，跳动较大；③有稳定测值，但测值反映的非真实物理量。

振弦式监测仪器产生上述问题的原因有多种，可将其分为仪器内因、外因和测频仪表原因三大类。其中，内因主要指仪器内部器件老化、仪器密封性差、绝缘性下降等仪器自身原因导致传感器性能下降；外因主要指仪器所在环境存在振动、电磁、工频等干扰使信号中叠加噪声，导致测量异常；测频仪表原因主要是指测频仪表的性能差、激振策略等导致测频效果不良。

2）绝缘密封性

振弦式监测仪器埋设初期的绝缘电阻大于 50 MΩ，当发生仪器线缆与壳体胶合不可靠、安装埋设时处理不当、绝缘橡胶老化等问题时，仪器壳体内部进水或测量线缆间形成通路，导致绝缘性下降。监测仪器绝缘性下降可等效为测量回路中并联了电阻和电容到大地，回波中混入噪声且信号电平被削弱，使测值受到影响。

为了研究仪器绝缘性对频率测值的影响，开展模拟试验。选取 BGK4500 型振弦式渗压计为试验对象，准备四份表 2.2.1 所列的水溶液，将渗压计的频率测量线缆裸露的线芯部分没入溶液中，模拟绝缘性下降的工况。选取时域测量法和频域测量法的读数仪表，分别记录其在各工况下的频率测值（表 2.2.1）。

表 2.2.1　模拟绝缘下降工况的对比测试数据

（a）时域测量法测试数据表

测量环境	时域测量法			
	测次 1 频率/Hz	测次 2 频率/Hz	测次 3 频率/Hz	频率极差/Hz
空气	2 880.7	2 880.7	2 880.7	0.0
纯净水	2 880.7	2 880.9	2 880.8	0.2
5 g/L 盐水溶液	无测值	无测值	无测值	—

续表

测量环境	时域测量法			
	测次 1 频率/Hz	测次 2 频率/Hz	测次 3 频率/Hz	频率极差/Hz
10 g/L 盐水溶液	无测值	无测值	无测值	—
100 g/L 盐水溶液	无测值	无测值	无测值	—

（b）时域测量法测试数据表

测量环境	频域测量法					
	测次 1 频率/Hz	测次 2 频率/Hz	测次 3 频率/Hz	频率极差/Hz	信噪比	信号幅值//Vmrs
空气	2 880.7	2 880.7	2 880.7	0.0	9.5	3.05
纯净水	2 880.7	2 880.7	2 880.7	0.0	6.9	2.97
5 g/L 盐水溶液	2 880.9	2 880.2	2 880.6	0.7	2.1	0.22
10 g/L 盐水溶液	2 801.2	999.9	无测值	—	1.07	0.07
100 g/L 盐水溶	无测值	无测值	无测值	—	—	—

上述试验发现，当绝缘性轻微下降时，传感器频率测量未受到明显影响；当绝缘性继续下降，传感器频率测量受到较大影响直至无法测出。从信噪比、信号幅值和频率极差这 3 个指标对比看，均反映出绝缘性能单调性下降，但信噪比、信号幅值与绝缘性下降关系更显著。

3）强电磁干扰

埋入式仪器所处环境复杂，各种缆线、地磁场、水流动力等的作用都可能会导致仪器信号受到噪声干扰，另外，仪器接入由工频信号供电的自动化系统后，会受到工频信号干扰。受到干扰的传感器，会出现测值不稳定或错误测值的问题。

为了验证处于电磁干扰环境下的振弦仪器测量问题，开展了试验研究。将 BGK4450型振弦式测缝计接入读数仪的测量回路，同时将工作的串激式电机放置于测缝计附近给予强电磁干扰，通过示波器观察回波，回波情况如图 2.2.4 所示，测值结果如表 2.2.2 所示。

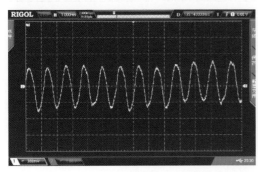

（a）正常工况 　　　　　　　　　　（b）强电磁干扰工况

图 2.2.4　正常工况下和强电磁干扰工况下的回波表现

表 2.2.2　电磁干扰工况测试数据

（a）时域测量法测试数据表

测量环境	时域测量法			
	测次 1 频率/Hz	测次 2 频率/Hz	测次 3 频率/Hz	频率极差/Hz
无电磁干扰	1 534.0	1 534.0	1 534.0	0.0
强电磁干扰	1 534.1	1 534.4	1 534.7	0.6

（b）时域测量法测试数据表

测量环境	频域测量法					
	测次 1 频率/Hz	测次 2 频率/Hz	测次 3 频率/Hz	频率极差/Hz	信噪比	信号幅值/Vmrs
无电磁干扰	1 534.0	1 534.0	1 534.0	0	11.8	3.17
强电磁干扰	1 534.0	1 534.0	1 534.0	0	7.9	2.98

试验结果可知，振弦式测缝计信号在电磁干扰下波形失真，呈现出不规则正弦波，随之时域测量值出现 0.6 Hz 的波动，而频域测量值稳定。这证实了振弦式监测仪器测量易受到电磁干扰，而频域测量法具有较好的抗干扰能力。从指标对比来看，电磁干扰下，频率极差灵敏度不足，信噪比和信号幅值这两个指标能较好揭示信号因干扰而受损的情况。

4）非可靠激振

振弦仪器能否可靠激振是保证振弦仪器可靠测量的关键。钢弦激振大多采用低压扫频激振方式，在此方式下影响钢弦激振的因素包括扫频范围、扫频步长、激振次数等。为探究上述因素对振弦式传感器钢弦激振效果的影响情况，开展了试验研究。选取回波信号幅值低，衰减速度快的 BGK4200 型振弦式应变计作为研究对象，设计 3 种激振条件，条件一为全频段扫频激振，扫频范围是 400～5 000 Hz，扫频步长为 20 Hz；条件二为选频段扫频激振，扫频范围是 400～1 200 Hz，扫频步长为 20 Hz；条件三为选频段扫频激振，扫频范围是 400～1 200 Hz，扫频步长为 5 Hz。测试结果如表 2.2.3 所示。

表 2.2.3　激振条件测试数据

（a）时域测量法测试数据表

测量环境	时域测量法			
	测次 1 频率/Hz	测次 2 频率/Hz	测次 3 频率/Hz	频率极差/Hz
激振条件一	872.1	877.7	639.5	238.2
激振条件二	877.9	872.9	877.8	5.0
激振条件三	877.9	877.9	877.9	0.0

（b）频域测量法测试数据表

测量环境	频域测量法					
	测次 1 频率/Hz	测次 2 频率/Hz	测次 3 频率/Hz	频率极差/Hz	信噪比	信号幅值/Vmrs
激振条件一	877.9	877.8	877.8	0.1	2.1	0.84

测量环境	频域测量法					
	测次1频率/Hz	测次2频率/Hz	测次3频率/Hz	频率极差/Hz	信噪比	信号幅值/Vmrs
激振条件二	877.9	877.9	877.9	0.0	3.1	1.15
激振条件三	877.9	877.9	877.9	0.0	9.6	2.05

试验结果可知，时域、频域测量法的对比方面，频域测量法三种条件均能测到较为稳定的测值，体现了频域测量法的优势。从指标对比来看，优化激振策略可改善激振效果，而信噪比和信号幅值比频率极差能更好地反映激振效果的变化。

5）新评价方法的建立

振弦式监测仪器的监测量由内部钢弦振动时切割磁场形成感应信号的频模值大小所表征，因其输出信号大小仅有 mV 级甚至 μV 级，极易受到各类干扰信号的影响。因此，现有评价方法在实践中产生误判情形主要有两类：一为仪器已失效，但测出稳定性良好的"假测值"；二为仪器未失效，但因其信号质量低，测值稳定性不足。

在当前评价方法存在误判可能的现状下，项目建立新评价标准拟遵循现有评价框架前提，进行优化和完善，即先对频率、温度、绝缘性进行现场检测评价，再结合历史测值开展综合评价。不同之处在于：第一，在评价指标上，对"现场检测评价"的"频率测值评价"环节中增加频域测量法的 2 个定量指标；第二，对综合评价体系进行修改和完善（表 2.2.4）。

表 2.2.4 振弦式监测仪器综合评价标准

序号	历史数据评价			频率测值可靠性		温度测值可靠性		综合评价结论	备注
	可靠	基本可靠	不可靠	可靠	不可靠	可靠	不可靠		
1	√			√		√		正常	
2		√		√		√		基本正常	
3	√			√			√	满足备注条件则基本正常，否则异常	无须温度修正，或可获得可用的温度
4		√		√			√	满足备注条件则基本正常，否则异常	无须温度修正，或可获得可用的温度
5			√	√		√		基本正常	
6			√	√			√	满足备注条件则基本正常，否则异常	无须温度修正，或可获得可用的温度
7	/	/	/		√	/	/	异常	

（1）测量仪表。为了保证新评价指标具备可靠的定量特征，测量仪表应有相应规定。①所投入使用的仪表应检定或校准合格；②仪表应采用频域测量法，开展评价工作时，其信号调理电路增益为 20 k，输出幅值电压动态范围为±5 V，采样分辨带宽为 400～5 000 Hz。

（2）新评价指标释义。信噪比：信号回波的频谱图上最大幅值与次大幅值的比值。评价标准：当信噪比≥2 时，为合格；当信噪比<2 时，为不合格。

信号幅值：振弦式监测仪器钢弦在开展评价工作的测量条件下产生的回波信号幅度谱的幅值最大值。评价标准：当信号幅值≥0.1 Vmrs 时，为合格；当信号幅值<0.1 Vmrs 时，为不合格。

（3）频率测值评价方法。测值评价方法包括频率极差、信噪比和信号幅值 3 个指标，其中频率极差为当前技术规范中的指标，该指标指示频率测值的稳定性，测量方法为对被测仪器间隔 10 s 以上进行 3 次测量，通过计算 3 组数据间极差是否超规定限值来评价该指标的合格性。

加入新指标后，"频率测值评价"的新评价标准设定为：当频率极差、信噪比和信号幅值指标均合格时，该项目评价可靠，否则不可靠。

（4）综合评价方法。综合评价结论分为正常、基本正常和异常三类。其中所列序号 5 和序号 6 的判定结论为"基本正常"，其含义是指通过此次鉴定后，发现当前历史测值反映出日常监测数据不可靠，应改用频域测量法开展后续监测。

新评价方法简化了评价过程，明确了评价结论，具有一定指导意义，主要体现在以下方面：频率测值可靠性由频率极差、信噪比和信号幅值 3 个指标综合决定，当频率测值的评价为不可靠，即判定为仪器异常。当历史测值不可靠，而频率测值可靠的情况下，可判定仪器工作基本正常。但该仪器亟须改进，应采用频域测量法开展日常监测工作。

2.2.2　基于 LoRa 技术的无线通信低功耗技术

LoRa 技术是一种基于扩频调制的无线通信技术，具有传输距离远、发射功耗低、抗干扰性强等特点，已在环境监测、工业控制等领域逐步推广应用[22]。为了降低通信节点的能耗，节点会周期轮替地休眠和工作，关于节点低功耗的研究较多，但是并没有针对 LoRa 无线模块及传感器采集器相互配合的低功耗解决方法（图 2.2.5）。

本书提出一种基于 LoRa 技术的无线传感器采集网络的通信方法，其应用于基于 LoRa 技术的无线传感器采集网络中，无线传感器采集网络运用一个集中器组件及多个传感器采集器的星形网络连接，传感器采集器包括处理器及与处理器连接的数据采集功能单元、第二 LoRa 无线模块、第二定时器，集中器组件和每个传感器采集器的第二 LoRa 无线模块进行无线连接（图 2.2.6）。

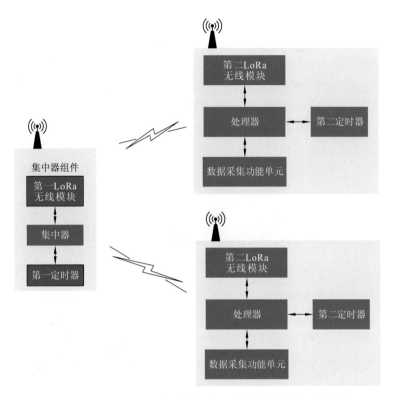

图 2.2.5 基于 LoRa 技术的无线通信低功耗技术示意图

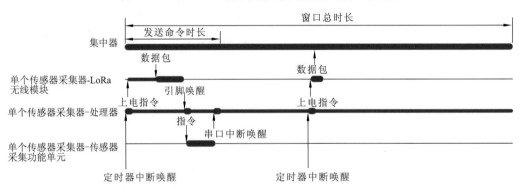

图 2.2.6 集中器与传感器采集器的工作、断电和休眠时序图

图中最粗的红色部分表示工作状态，普通红色部分表示休眠状态，黑色部分表示断电状态

集中器组件作为整个采集网络的控制端，不在低功耗的范围之内。集中器收到第一定时器中断触发信号后，将第一定时器清零，根据确定的窗口时间开始一个周期的计时。

集中器根据接收到的数据服务器指令，确定下发给传感器采集器的数据包，然后通过第一 LoRa 无线模块开始逐个给网络中的传感器采集器发送数据包，数据包分为唤醒数据包和通信数据包，其中唤醒数据包具有唤醒指定的传感器采集器的唤醒信号及用于对时的数据包时间戳，通信数据包具有对传感器采集器的控制命令及数据包返回的时间；数据包全部发送完毕后，第一 LoRa 无线模块等待接收传感器采集器回复的数据包。

来自传感器采集器的数据接收完毕后，集中器处理完接收的数据包，与数据服务器通信，返回所需的数据。然后进行如下步骤。

步骤一：传感器采集器的处理器被第二定时器的中断信号唤醒后，将第二定时器清零，开始一个周期的计时。

步骤二：处理器打开本节点的第二 LoRa 无线模块后，使第二 LoRa 无线模块从断电状态变为休眠状态，处理器进入休眠状态。

步骤三：第二 LoRa 无线模块等待接收集中器的唤醒数据包，待接收到属于第二 LoRa 无线模块的唤醒数据包后唤醒，待接收到通信数据包后，唤醒处理器，将数据包传输到处理器，第二 LoRa 无线模块断电。

步骤四：处理器解析收到的数据包，通过数据包时间戳与集中器对时，并根据回复集中器的时间设置第二定时器；若通信数据包的指令为采集传感器数据的指令，使数据采集功能单元上电，处理器进入休眠状态，数据采集功能单元开始采集传感器数据，数据采集完成后通过中断唤醒处理器，数据采集功能单元断电，处理器保存采集的传感器数据后，进入休眠状态；若通信数据包为配置信息修改指令，处理器处理后，进入休眠状态。

步骤五：传感器采集器接收到第二定时器的中断信号后唤醒，第二定时器继续计时，并打开第二 LoRa 无线模块，将采集的数据或反馈指令组成数据包发送到集中器。

步骤六：处理器进入休眠状态，第二 LoRa 无线模块断电。

本技术为了解决传感器采集器的通信及功耗问题，不仅利用传感器采集器中第二 LoRa 无线模块自身的低功耗和高可靠性特点，并通过与处理器、数据采集功能单元的配合，通过断电、休眠、工作这三种状态的切换，降低每个传感器采集器的功耗，使每个功能模块在未使用的时候，处于断电或休眠状态，在保证可靠性的条件下，实现无线传感器的低功耗。

2.2.3　安全监测物联网平台技术

水利水电工程安全监测采集设备类型多样，传输协议各异，现场往往安装多种类型的采集软件，购置成本高，且易形成数据孤岛。另外，目前数据采集软件多为单机版软件，升级维护工作量大，应用范围小，不满足大型或分布式安全监测数据采集应用需求。

通过研发安全监测物联网平台，基于可配置化通信协议与规范化数据标准，统一接入多网络、多协议、多地域安全监测物联网设备，满足高并发设备快速上云，涵盖设备状态监控、指令下发、数据存储及远程维护等功能，并开放数据应用程序接口（application program interface，API），实现安全监测信息的全面开放物联[23]。

通用化大坝安全监测物联网平台为设备提供安全可靠的连接通信能力，向下连接海量设备，支撑设备数据采集上云；向上提供云端 API，服务端通过调用云端 API 将指令下发至设备端，实现远程控制；并为专业应用提供数据开放 API，实现互联互通。

通用化大坝安全监测物联网平台总体技术架构如图 2.2.7 所示。

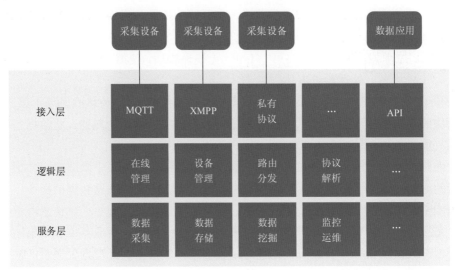

图 2.2.7　通用化大坝安全监测物联网平台总体技术架构图

（1）在接入层，物联网平台的采集设备通过消息队列遥测传输（message queuing telemetry transport，MQTT）、可扩展通信和表示协议（extensible messaging and presence protocol，XMPP）或其他自定义的私有协议接入数据，同时还支持数据应用通过 API 的形式进行数据交互。

（2）在逻辑层，平台支持在线管理、设备管理、路由分发、协议解析等管理功能。

（3）在服务层，平台提供数据采集、数据存储、数据挖掘、监控运维等平台服务。

通用化大坝安全监测物联网平台主要基于 Node.js 引擎、Socket 连接进行开发，并支持协议代理解析。

1. Node.js 引擎

Node.js 引擎是基于 Chrome JavaScript 运行时建立的一个平台，采用事件驱动和异步输入/输出（Input/Output，I/O）的方式实现了一个单线程、高并发的 JavaScript 运行环境，是基于 Google 的 V8 引擎开发的一个 C++程序，执行 JavaScript 速度非常快，性能优越。

大坝安全监测物联网平台是一个集成海量采集设备的分布式系统，而 Node.js 引擎非常适合于 I/O 密集型而不需要密集中央处理器（central processing unit，CPU）计算的程序，可以并发处理数万条链接，符合物联网平台的应用场景，即多台采集设备并发进行数据采集和上传，采集设备无须进行计算处理仅对数据进行收集。

Node.js 引擎平台架构如图 2.2.8 所示，Node.js 分为四层，分别为：应用层、V8 引擎层、Node API 层和 Libuv 层。

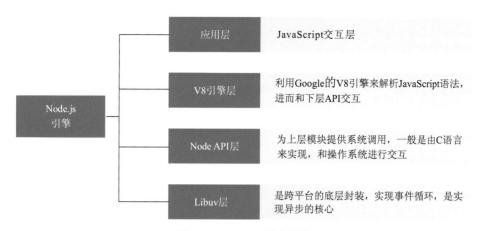

图 2.2.8　Node.js 平台架构

1）高并发策略

一般来说，高并发的解决方案就是提供多线程模型，服务器为每个客户端分配一个线程，使用同步 I/O，系统通过线程切换来弥补同步 I/O 调用的时间开销，例如 Apache 就是这种策略，由于 I/O 一般属于耗时操作，所以很难实现高性能。

大坝安全监测物联网云平台不会做大量的计算，与设备建立连接后，主要的耗时操作为设备通信等待时间及数据储存，Node.js 引擎采用单线程模型，不会为每一个接入请求分配线程，只是用一个主线程处理所有的操作，将耗时 I/O 进行异步处理，避免了创建、销毁线程及切换线程所需的开销。大坝安全监测物联网平台高并发策略具体实现流程如图 2.2.9 所示。

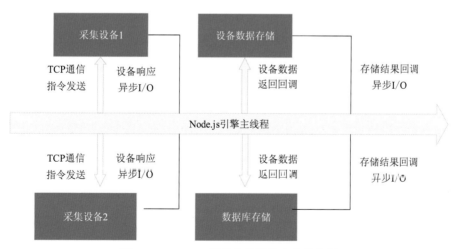

图 2.2.9　Node.js 引擎高并发策略实现流程

2）事件循环与驱动模型

Node.js 引擎事件循环与驱动模型如图 2.2.10 所示。

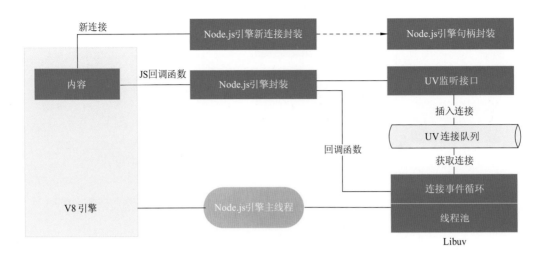

图 2.2.10 Node.js 引擎事件循环与驱动模型

Node.js 引擎在主线程中维护了一个事件队列，与设备通信的请求发生后，会将这个事件放入到这个队列中，然后继续进行下台设备的通信。

事件队列执行的方式为：

（1）非 I/O 任务自身进行执行；

（2）I/O 任务，将异步任务推送到 Libuv 提供的队列中，然后执行下一个 I/O 任务，通过指定的回调函数通知任务的执行结果。

2. socket 连接

socket 是应用层与传输控制协议/互联网协议（transmission control protocol/internet protocol，TCP/IP）通信的中间软件抽象层，它是一组接口。在设计模式中，socket 是一个门面模式，它把复杂的 TCP/IP 隐藏在 socket 接口后面，对用户来说，一组简单的接口就是全部，让 socket 去组织数据，以符合指定的协议。

socket 实现流程如图 2.2.11 所示，在大坝安全监测物联网平台数据采集功能的实现过程中，数据采集接口服务端先初始化 socket，然后与端口绑定（bind），对端口进行监听（listen），调用 accept 阻塞，等待数据采集终端连接。在这时如果有个数据采集终端初始化一个 socket，然后连接接口服务（connect），如果连接成功，这时数据采集终端与接口服务的连接就建立了。数据采集终端发送数据请求，接口服务接收请求并处理请求，然后把回应数据发送给数据采集终端，数据采集终端读取数据，最后关闭连接，一次交互结束。

通过使用持久开放的 socket 接口作为大坝安全监测物联网平台的数据接收基础结构，可以简化平台的总体结构，有效地提高系统整体的稳定性，并为物联网数据采集设备提供无间断的数据上传节点，实现了安全监测数据的实时上传与可靠传输。

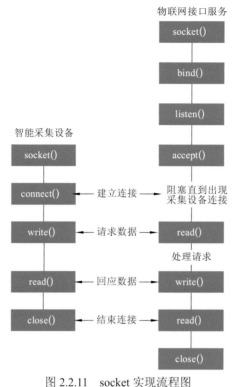

图 2.2.11　socket 实现流程图

connect( )为建立连接函数；write( )为写函数；read( )为读函数；close( )为停止调用函数

3. 协议解析代理

由于安全监测采集设备种类和数量众多，采集设备的协议往往为私有协议，与物联网平台提供的标准协议差异较大，很难直接接入物联网平台。

通过使用协议解析代理，可以将设备私有协议转换为物联网平台的标准协议；具体涉及的物联网平台模块主要包括：协议解析代理、标准协议解析、协议解析配置和数据处理。

协议解析代理应用流程如图 2.2.12 所示。

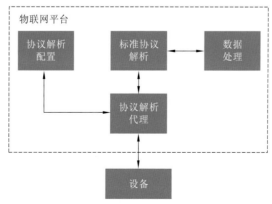

图 2.2.12　协议解析代理应用流程

协议解析配置模块实现私有协议物联网平台标准协议之间的转换关系，用户可以根据实际情况自行配置协议中需要转换的内容。

协议解析代理模块具有两方面的作用。

（1）将设备上报的私有协议消息根据协议解析配置，将私有协议转换成物联网平台的标准协议，发送给标准协议解析模块。

（2）根据协议解析配置，将物联网平台向设备发送的标准协议，转换成设备的私有协议，发送给设备。

通过增加协议解析配置和协议解析代理两大模块，使大坝安全监测物联网平台具备在不进行二次开发的情况，通过简单的配置支持更多私有协议的物联网设备的接入，从而较大提升物联网平台设备接入效率和接入能力。

4. RESTful API 技术

描述性状态转移（representational state transfer，REST），是一种针对网络应用的设计和开发方式，可以降低开发的复杂性，提高系统的可伸缩性。满足 REST 约束条件和原则的应用程序就是 RESTful 应用程序（图 2.2.13）。

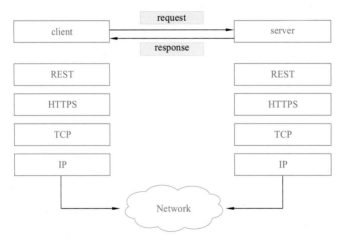

图 2.2.13　RESTful 客户端-服务器架构

客户端（client）；服务端（server）；请求（request）；响应（response）；
超文本传输安全协议（hypertext transfer protocol secure，HTTPS）

RESTful 架构具有以下特点。

（1）客户端-服务器。通过将用户 UI 与数据存储分开，可以简化服务器组件，提高跨多个平台的用户界面的可移植性并提高可伸缩性，可以应用前后端分离的思想，前端服务器为用户提供无模型的视图，后端服务器为前端服务器提供接口。浏览器向前端服务器请求视图，通过视图中包含的函数发起接口请求获取模型。

（2）无状态。从客户端到服务器的每个请求都必须包含理解请求所需的所有信息，并且不能利用服务器上任何存储的上下文，尽可能地避免使用会话（session），由客户端标识会话状态。

无状态通过将接口部署到多个服务器，有助于将 API 扩展到数百万并发用户。任何服务器都可以处理任何请求，因为没有与会话相关的依赖。同时，无状态使得 REST API 不需要复杂操作，即可以删除所有服务器端状态同步逻辑，清理多余空间。

（3）规范接口。RESTful 接口约束定义：资源识别、请求动作和响应信息；通过标出需要操作的资源，通过请求动作（http method）标识要执行的操作，通过返回的状态码来表示这次请求的执行结果。

（4）可缓存。缓存约束要求将对请求的响应中的数据隐式或显式标记为可缓存或不可缓存。如果响应是可缓存的，则客户端缓存有权重用该响应数据以用于以后的等效请求。

大坝安全监测物联网平台使用 RESTful 架构进行规范的接口如表 2.2.5 所示。

表 2.2.5　RESTful 数据接口列表

接口名称	说明
数据采集接口	数据采集终端与系统应用服务的数据接口
系统应用接口	系统客户端调用系统应用的接口
其他集成接口	与其他系统进行集成时的数据接口

以上数据接口遵循统一接口原则，统一接口包含了一组受限的预定义的操作，不论什么样的资源，都是通过使用相同的接口进行资源的访问，实现了数据接口的标准化。

2.3　云服务平台技术

2.3.1　SaaS 云服务模式

美国国家标准与技术研究院将云计算定义为："一种利用互联网随时随地、便捷、按需地从可配置计算资源池中获取所需资源的计算模式"，云计算按照服务类型可以分为基础设施即服务（infrastructure as a service，IaaS）、平台即服务（platform as a service，PaaS）和软件即服务（software as a service，SaaS）三类。

大坝安全智能监控预警云服务平台系统是基于 SaaS 云计算模式的专业应用系统，系统能够以按需购买、按量付费的模式提供给用户。经授权的用户通过互联网即可访问系统服务，自助管理属于自己的安全监测工程项目，使用安全监测数据采集、管理、整编、分析及监控预警等系统功能，避免了系统的重复开发与部署，节约了软硬件资源投入，为用户提供了低成本软件解决方案，并且降低了系统运维和升级的难度与成本。

基于 SaaS 云服务模式开发的大坝安全智能监控预警云服务平台系统，用户无须再购买软件及部署软件所需的软硬件资源，只需使用浏览器即可随时随地使用软件上所有功能，能够让用户以低成本、低门槛和低风险的方式使用软件服务。而对于软件开发者，基于 SaaS 云服务模式能够快速推广软件服务，避免重复性的工作，专注于提高服务质量，提升核心竞争力。

2.3.2　微服务技术架构

大坝安全智能监控预警云服务平台系统采用微服务系统架构，实现了轻量级、开放性、易迭代的信息系统（图 2.3.1）。

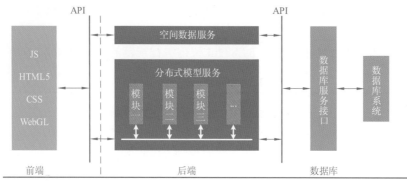

图 2.3.1　微服务架构图

一种直译式脚本语言（JavaScript，JS）；超文本标记语言 5.0（hypertext markup language 5，HTML5）；
层叠样式表（cascading style sheets，CSS）；Web 图形库（Web graphics library，WebGL）

微服务架构是一种架构概念，旨在通过将功能分解到各个离散的服务中以实现对解决方案的解耦。微服务架构的主要作用是将功能分解到离散的各个服务当中，把一个大系统按业务功能分解为多个小系统，并利用简单的方法使多小系统相互协作，组合成一个大系统，从而降低系统的耦合性，并提供更加灵活的服务支持（图 2.3.2）。

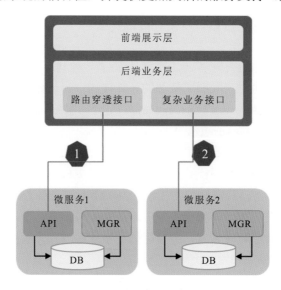

图 2.3.2　微服务架构组成示意图

MySQL 组复制（MySQL group replication，MGR）；数据库（database，DB）

大坝安全智能监控预警云服务平台系统采用 Spring Cloud 微服务架构。Spring Cloud 作为一套微服务治理的框架，考虑到了服务治理的方方面面，其实现了服务之间的高内聚、低耦合，将服务之间的直接依赖转化为服务对服务中心的依赖，是分布式架构的最佳落地方案。

如表 2.3.1 所示，在大坝安全智能监控预警云服务平台系统中，通过对用户使用系统时的操作流程进行分析，同时参考各个功能模块的相关性，将系统分为若干个典型微服务系统，可以为不同的用户角色独立提供所需要的功能，提高了系统整体的鲁棒性，降低了系统出错的风险。

表 2.3.1　微服务系统列表

微服务系统	服务内容
数据管理服务	提供基础的数据管理功能，用户可以对工程信息、仪器信息和仪器数据进行管理操作
数据分析服务	提供多种数据分析方法，支持对数据的整编和资料分析
报表报告生成服务	提供报表报告的自动生成功能，用户可以根据自身需求自定义报表、报告模板
巡视检查服务	提供对巡检项目、内容及路线的管理功能，支持对巡视检查流程管理功能
综合展示服务	提供对测点数据、报警信息、环境量信息等进行综合展示的功能，并提供对数据的多种展示类型，便于用户对安全监测状态进行整体把控
监控报警服务	提供安全监控指标的拟定方法，支持分级监控指标的自定义，并提供实时监控预警服务
其他服务	其他各类微服务

2.3.3　基础部署架构技术

大坝安全智能监控预警云服务平台系统可以采用公有云、私有云、混合云等方式进行部署，用户可以选择将自己的服务部署在公有云（如阿里云、腾讯云、华为云等）上或用户自建的私有云上，或者以公有云+私有云的混合模式进行部署。

不同用户根据各自在系统安全、系统稳定性、经济效率等方面的考量上选择最适合自己的部署方案。大坝安全智能监控预警云服务平台系统对从小到大各种类型的不同项目均能提供服务的高通用性。

1. Hadoop 大数据集群部署

Hadoop 是一个能够对大量数据进行分布式处理的软件框架，具有可靠、高效、可伸缩的特点，大坝安全智能监控预警云服务平台系统采用 Cloudera 的开源 Apache Hadoop 发行版 CDH（Cloudera's distribution including Apache Hadoop）为基础，开发部署大数据集群。

如图 2.3.3 所示，CDH 提供了 Hadoop 的核心元素：可扩展的存储和分布式计算，以及基于 Web 的用户界面和重要的企业功能。

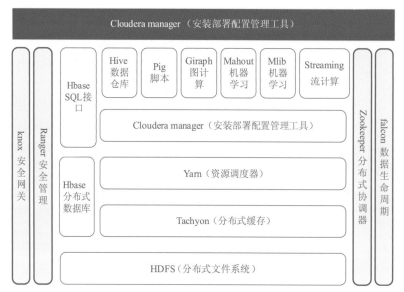

图 2.3.3　CDH 结构图

1）HDFS

分布式文件系统（Hadoop distributed file system，HDFS）是 Hadoop 体系中数据存储管理的基础，是一个高度容错的系统，能检测和应对硬件故障，用于在低成本的通用硬件上运行。

HDFS 能简化文件的一致性模型，通过流式数据访问，提供高吞吐量应用程序数据访问功能，适合带有大型数据集的应用程序。HDFS 提供一次写入多次读取的机制，数据以块的形式，同时分布在集群不同物理机器上。

2）MapReduce

MapReduce 是一种分布式计算模型，用以进行大数据量的计算，将计算抽象成映射（map）和归约（reduce）两部分。其中 map 对数据集上的独立元素进行指定的操作，生成键-值对形式中间结果；reduce 则对中间结果中相同"键"的所有"值"进行规约，以得到最终结果；MapReduce 非常适合在大量计算机组成的分布式并行环境里进行数据处理。

2. 应用负载均衡

大坝安全智能监控预警云服务平台系统采用 Nginx 实现负载均衡，Nginx 是开源的、高性能超文本传输协议（hypertext transfer protocol，HTTP）服务器和反向代理服务器。

如图 2.3.4 所示，通过 Nginx 负载均衡调度服务器，将来自浏览器的访问请求分发到应用服务器集群中的任何一台服务器上，使应用服务器的负载压力不再成为系统瓶颈。

Nginx 支持的负载均衡调度算法方式如下。

（1）weight 轮询（默认）：接收到的请求按照顺序逐一分配到不同的后端服务器，即使在使用过程中，某一台后端服务器宕机，Nginx 会自动将该服务器剔除出队列，请

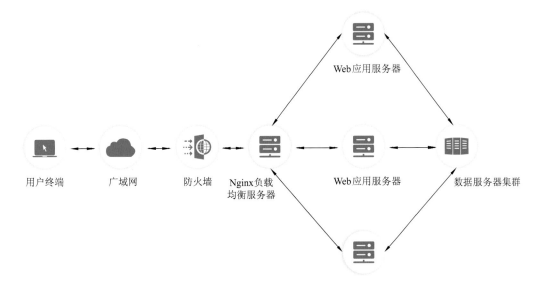

图 2.3.4　Nginx 负载均衡

求受理情况不会受到任何影响。这种方式下，可以给不同的后端服务器设置一个权重值，用于调整不同的服务器上请求的分配率，权重数据越大，被分配到请求的概率越大。该权重值，主要是针对实际工作环境中不同的后端服务器硬件配置进行调整的。

（2）ip_hash：每个请求按照发起客户端的互联网协议（internet protocol，IP）的 hash 结果进行匹配，这样的算法下一个固定 IP 地址的客户端总会访问到同一个后端服务器，这也在一定程度上解决了集群部署环境下 session 共享的问题。

（3）fair：智能调整调度算法，动态根据后端服务器的请求处理到响应的时间进行均衡分配，响应时间短处理效率高的服务器分配到请求的概率高，响应时间长、处理效率低的服务器分配到的请求少，是结合前两者优点的一种调度算法。

（4）url_hash：按照访问的 url 的 hash 结果分配请求，每个请求的 url 会指向后端固定的某个服务器，可以在 Nginx 作为静态服务器的情况下提高缓存效率。

通过以上手段，Nginx 可以有效地将应用访问请求分流到应用服务器集群，减少对单个服务器的性能要求，提高大坝安全智能监控预警云服务平台系统整体的运行效率和响应速度。

2.3.4　多终端应用开发模式

大坝安全智能监控预警云服务平台系统支持多操作系统、多平台、多终端接入，用户可在 Windows、Linux、MacOS 上通过浏览器访问系统全部功能，也可以在手机端通过应用（application，APP）、浏览器和微信小程序的方式登录系统进行操作。该系统解决了以往同类系统客户端安装复杂、局限于工程现场使用的难题，同时也降低了对户端设备性能的要求，使用户可以在有限的条件下实现对大坝安全监测数据的管理和分析（图 2.3.5）。

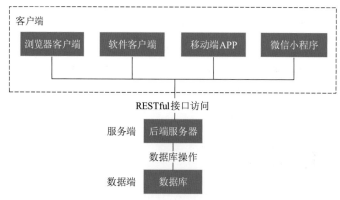

图 2.3.5 多终端应用架构

大坝安全智能监控预警云服务平台系统在服务端使用标准化的 RESTful 接口将不同客户端的请求统一接入到一个后端服务中，通过对后台服务端接口的复用避免了重复开发后端服务，极大的减少了系统开发的工作量，简化了系统后台的逻辑结构，提高了系统的稳定性。

1. 浏览器/服务器模式

浏览器/服务器（browser/server，B/S）模式，是 Web 兴起后的一种网络结构模式，Web 浏览器是客户端最主要的应用软件。这种模式统一了客户端，将系统功能实现的核心部分集中到服务器上，简化了系统的开发、维护和使用。用户只需安装浏览器，系统核心业务放在服务器端完成，并在服务器安装 Oracle、Microsoft SQL Server 等数据库平台，浏览器通过 Web Server 与数据库进行数据交互。

B/S 模式网络结构图如图 2.3.6 所示。

图 2.3.6 B/S 模式网络结构图

2. 移动端应用技术

大坝安全智能监控预警云服务平台系统以 HTML5 的形式构建了移动端 APP，同时支持安卓、iOS 平台及各类小程序应用。用户可以在移动设备上通过 APP 登录系统进行操作。

大坝安全智能监控预警云服务平台系统通过在移动端调用在业务逻辑层的后台 API 提供系统展示功能，即在移动端开发的过程中无须重新开发后台业务逻辑，使用"内容提供方（content provider）"组件储存 APP 应用中需要保存的元数据和各类缓存信息，并通过"活动（activity)"组件实现系统的展示。

2.3.5　数据传输加密技术

大坝安全智能监控预警云服务平台系统使用 HTTPS 协议对用户客户端与应用服务器间的数据进行加密处理，保证系统数据在传输过程中的数据保密性、数据完整性和身份校验安全性。

HTTPS 协议是由 HTTP 加上传输层安全协议/安全套接层（协议）(transport layer security/secure sockets layer，TLS/SSL）构建的可进行加密传输、身份认证的网络协议，主要通过数字证书、加密算法、非对称密钥等技术完成互联网数据传输加密，实现互联网传输安全保护。

HTTPS 协议的工作流程中靠证书授权（certificate authority，CA）为通信双方（客户端与服务器端）提供身份信任，通信双方共生成了三个随机数，保证了生成的对称密钥难以被暴力破解。同时在整个通信过程中，客户端和服务端使用生成的对称密钥对数据进行加密，最大限度地保证了通信效率。

HTTPS 传输流程如图 2.3.7 所示。

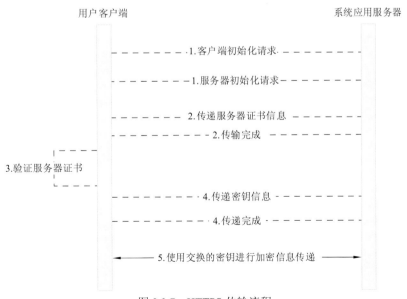

图 2.3.7　HTTPS 传输流程

（1）客户端向服务器发起 HTTPS 请求，连接到服务器的 443 端口。

（2）服务器将自己的证书即公钥发送给客户端。

（3）客户端收到服务器端的证书之后，会对证书进行检查，通过 CA 验证其合法性，如果发现证书不合法，那么 HTTPS 传输就无法继续。如果证书合法，那么客户端会生成一个客户端密钥，然后用服务器的公钥对客户端密钥进行非对称加密，生成客户端密钥的密文，至此，HTTPS 中的第一次 HTTP 请求结束。

（4）客户端会发起 HTTPS 中的第二次 HTTP 请求，将加密之后的客户端密钥发送给服务器。

（5）服务器接收到客户端发来的密文之后，会用自己的私钥对其进行非对称解密，解密之后的明文就是客户端密钥，然后用客户端密钥对数据进行对称加密，这样数据就变成了密文。然后服务器将加密后的密文发送给客户端，客户端收到服务器发送来的密文，用客户端密钥对其进行对称解密，得到服务器发送的数据。这样 HTTPS 中的第二次 HTTP 请求结束，整个 HTTPS 传输完成。

大坝安全智能监控预警云服务平台系统使用国内知名 CA 机构提供的 SSL 证书确保证书验证的稳定性，使用户在各种环境下均可使用 HTTPS 协议接入系统，有效地保证了系统数据在传输过程中的安全性。

2.3.6 数据资源平台技术

通过建立大坝安全监测数据资源目录与数据汇聚机制，无缝集成内外观自动化、水情测报、强震监测、视频监控等各类自动化采集设备或业务系统，形成多源异构大坝安全监测数据资源平台，开发数据采集、清洗及服务功能，实现数据融合应用和共享服务（图 2.3.8）。

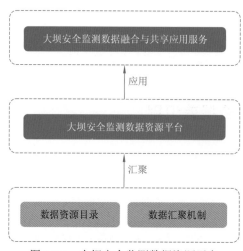

图 2.3.8　大坝安全监测数据资源平台

基于轻量级 JSON（JavaScript object notation）数据格式，制定易解析、可扩展的安全监测数据标准。同时，优化了安全监测数据库表结构设计，通过了百亿数据量级压力测试，实现了海量结构化监测数据的统一存储与高效调用（图 2.3.9）。

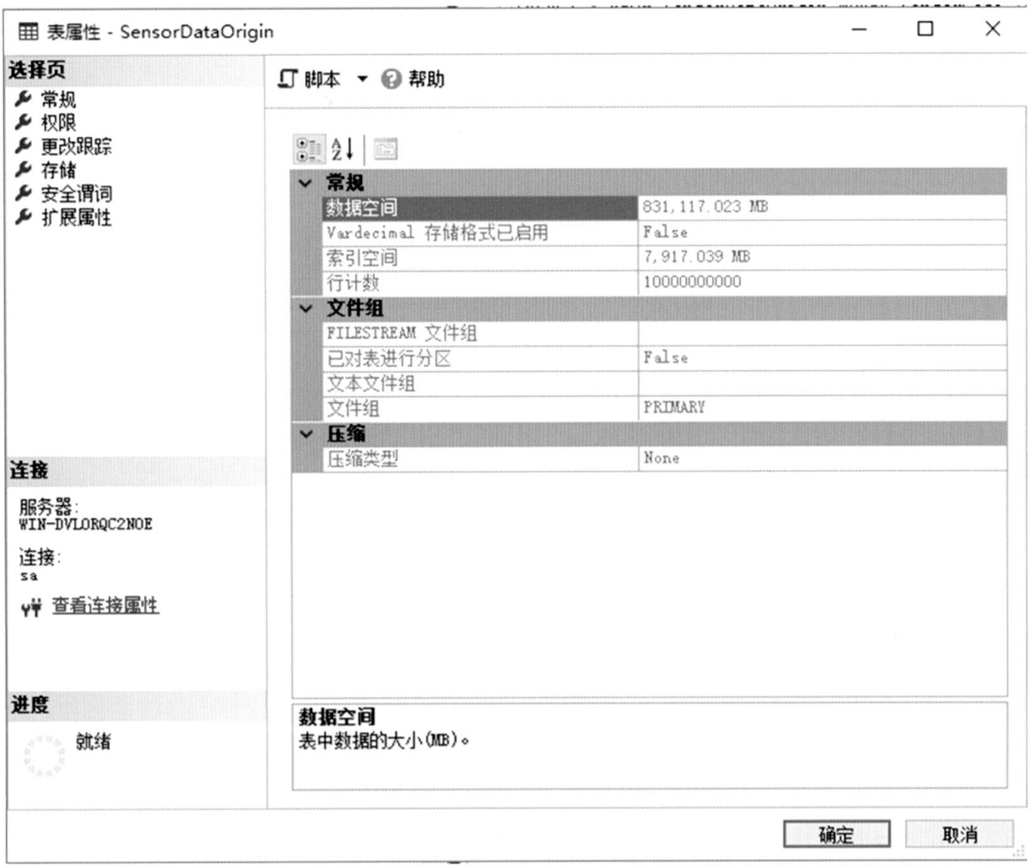

图 2.3.9　百亿数据量级压力测试

2.4　安全监测预警技术

2.4.1　监测数据智能粗差识别

1. 点式异常检测方法

1）算法流程

基于无监督学习的点式异常数据检测流程主要包含两步：①时序数据回归预测分析。将时间序列信号进行归一化处理，设计回归预测模型获取拟合残差序列；②异常检测分析。将拟合残差作为输入，设计并训练孤立森林模型用于异常数据分类。具体算法流程示意图如图 2.4.1 所示。

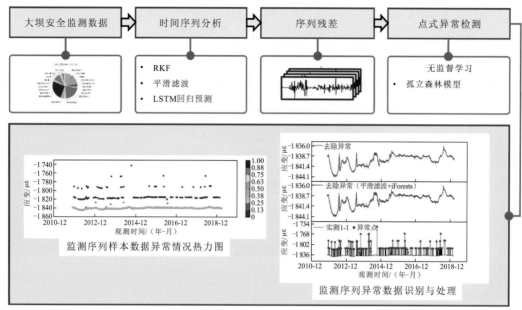

图 2.4.1　基于无监督学习的异常检测模型示意图

2）回归模型

（1）平滑滤波。最小二乘平滑滤波是一种自适应的滤波方法，它不依赖信号的模型和相关统计特征，而且计算量很小。本书选取的最小二乘平滑滤波方法是局部加权回归散点平滑算法（locally weighted scatterplot smoothing，LOWESS），这种算法综合了传统的局部加权回归和局部多项式拟合，是一种具有很强鲁棒性的拟合算法。其原理是先通过多项式加权对局部数据进行拟合，再用最小二乘法对拟合的结果进行估计。

（2）RKF。标准卡尔曼（Kalman）滤波算法是基于最小二乘和维纳滤波提出的，因此标准卡尔曼滤波模型对粗差等异常数据缺乏抵抗性，观测数据中的异常值会导致滤波精度降低，甚至导致滤波结果产生发散。在大坝安全监测复杂的观测环境中，抗差卡尔曼滤波（robust Kalman filtering，RKF）是将稳健回归引入标准卡尔曼滤波，构建 RKF 削弱观测值及动态模型，可一定程度地抑制观测数据中异常数据带来的影响，使滤波后的序列尽可能逼近能够反映结构的真实响应。RKF 模型采用的是较为常用的 M 估计，其基本思想是通过选择合适的权函数确定等价权（M 估计中的 ρ 函数的选取），尽可能地避免异常数据影响到模型处理数据的结果，常用的抗差权函数 ρ 有：Huber 法权函数、丹麦法权函数、中国科学院测量与地球物理研究所（Institute of Geodesy and Geophysics，IGG）法权函数、L 估计权函数、Hample 法权函数。此外，根据不同的先验分布，可建立 M-LS 理论、LS-M 理论和 M-M 理论的 RKF，分别对应：①观测过程中包含粗差等异常数据（观测向量采用抗差 M 估计），动态模型没有异常值（状态方程参数采用 LS 估计）；②观测过程中没有粗差等异常数据（观测向量采用 LS 估计），动态模型包含异常值（状态方程参数采用 M 估计）；③两者都包含异常值（观测向量、状态方程参数均采用 M 估计）。

（3）LSTM。对于水工建筑物安全监控时序数据，长短期记忆网络（long short-term

memory，LSTM）模型能减少特征层中手工提取有效信息的工作量，结构便于调整，可依据数据形式的复杂程度而定，因此 LSTM 模型可作为大坝安全监测数据回归预测的通用模型框架，通过 LSTM 模型的预测误差分析实现大坝安全监测数据异常值检测。经过实践分析，直接应用 LSTM 算法构建的大坝安全数据回归预测效果通常较差。因此，应用 LSTM 网络之前，需对时序数据进行去季节项（也即季节性调整）、降噪平滑、数据归一化处理等预处理，同时从 LSTM 模型网络拓扑、参数设定、时序数据预处理三个方面着手提高模型的适用性。

3）孤立森林算法

孤立森林算法属于非参数无监督学习方法，算法过程分为两步：①构建孤立树，组成孤立森林。②构建完成孤立森林后，根据孤立森林自身特性，由输入样本的查找路径来计算样本点的异常得分。

4）阈值自动设定

极值理论可以不基于原始数据的任何分布假设，即使在原始数据分布非常复杂的情况下，也能从给定随机变量的有序样本中评估极端事件（或异常）发生的概率。研究表明，序列中的极值分布与总体数据分布是独立的。因此可应用极值理论，在不假设原始数据的分布的情况下，实现每条数据异常阈值的自动设定。

5）异常数据修正

异常值修正策略：①剔除检测出的异常值，取得新序列；②将新序列作为回归预测模型的输入样本进行数据预测，通过预测到的数据来代替原本的异常值，完成异常值的插值修正。

2. 集合式异常检测方法

1）算法流程

基于无监督学习的集合式异常数据检测流程主要包含两步：①时序信号时域分析。将时间序列信号进行时域分解，去除序列的趋势项和周期项，获得序列随机项；②异常检测分析。将随机项序列作为输入，设计并训练检测模型用于异常数据分类。具体算法流程见图 2.4.2 所示。

2）STL 时序分解

时间序列分解（seasonal and trend decomposition using Loess，STL）分解是以鲁棒局部加权回归（locally weighted regression，LOESS）作为平滑方法的时间序列分解方法，其中 LOESS 为局部多项式回归拟合，它结合了传统线性回归的简洁性和非线性回归的灵活性，是一种解决平滑问题的算法。其分解过程包括内循环与外循环两个过程，其中外循环调节鲁棒性权重，以减少残差项的异常值对时间序列分解产生影响；内循环实现时间序列趋势分量的拟合与周期分量的计算。设 $T_t^{(k)}$、$S_t^{(k)}$ 为内循环第 $k-1$ 次滤波结束时的趋势分量和周期分量，且初始时 $T_0^{(k)}=0$，内循环具体步骤如下。

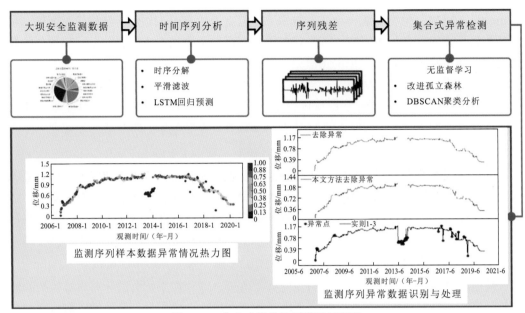

图 2.4.2　集合式异常检测模型示意图

（1）去趋势。即当前时序减去上一轮迭代结果的趋势分量：$Y-T_t^{(k)}$。

（2）周期子序列平滑。用 LOESS 对每个子序列做回归，并向前向后各延展一个周期，平滑结果记 $C_t^{(k+1)}$。

（3）周期子序列平滑的低通滤波。对步骤（2）的结果序列 $C_t^{(k+1)}$ 依次做滑动平均，然后做 LOESS 得到结果序列 $L_t^{(k+1)}$。

（4）去除平滑周期子序列趋势，可得到周期分量：$S_t^{(k+1)}=C_t^{(k+1)}-L_t^{(k+1)}$。

（5）季节项去除。减去周期分量：$Y-S_t^{(k+1)}$。

（6）趋势平滑。对于去除周期之后的序列做 LOESS，得到趋势分量 $T_t^{(k+1)}$。

在内循环每次迭代过程中，在（2）与（6）做 LOESS 回归时，邻域权重需要乘以鲁棒性权重，以减少异常值对内循环的影响。

3）改进孤立森林算法

自孤立森林算法提出以来，研究人员在该算法的基础上设计了不同的异常检测算法以适应不同的应用场景。与其他无监督异常检测方法相比，尽管孤立森林算法具有高效的大量数据处理能力和较低计算成本的优势，但在采用孤立森林算法进行异常数据检测过程中仍存在一定的盲点。

为解决该问题，Marteau 等基于孤立森林算法及集成算法思想，提出了一种基于随机划分树的半监督集成方法[24]，通过采用样本与树叶子相关的质心的预期距离和样本在树叶子上的相对访问频率来识别点异常和集合式异常，极大地提高了集体式异常检测的能力。

4）异常数据处理策略

异常值修正策略：①当异常序列片段数据较少时，剔除检测出的异常值，取得新序列，将新序列作为回归预测模型的输入样本进行数据预测，通过预测到的数据来代替原本的异常值，完成异常值的插值修正；②当异常序列片段数据较多时，则认为该监测序列的数据质量较低，将不予以采用。

2.4.2　监测物理量智能预测

1. 基于机器学习的 Lasso 回归分析

面对大量数据分析时，Ridge 回归及 LS 估计在多数情况下都不能将模型的回归系数收缩到零，导致回归方程中的变量数目较多，模型复杂度高，这不利于变量的筛选与分析。最小绝对收缩和选择算法（least absolute shrinkage and selection operator，Lasso）回归是一种压缩估计法，其基本思路是强制约束模型回归系数的绝对值之和小于一个常数，同时使残差平方和最小化，从而得到一些零回归系数，以此达到压缩变量数量的目的。由此可知，Lasso 回归是一种用来处理具有复共线性数据的有偏估计，也可用来进行特征或变量选择及模型复杂度调整，避免模型过度拟合。Lasso 回归优化问题的目标函数为

$$\begin{cases} \arg\min_{\beta} \|y - X\beta\|^2 \\ \text{s.t.} \|\beta\| \leqslant s \end{cases} \tag{2.4.1}$$

式中：s 为调和参数；y 是响应变量的向量；X 是特征矩阵；β 是系数向量。函数对应的拉格朗日表达式为

$$\arg\min_{\beta} \|y - X\beta\|^2 + \lambda \|\beta\| \tag{2.4.2}$$

式中：λ 为正规化参数，控制惩罚项的强度，λ 与 s 存在对应关系。Lasso 回归通过参数 λ 大小来控制模型复杂程度，当 λ 越大时，变量较多的线性模型的惩罚力度也就越大，从而缩减变量数量。

2. 基于深度学习的循环神经网络模型

循环神经网络（recurrent neural network，RNN）是一类主要用于处理序列数据的深度神经网络模型，处理对象主要是序列，其目标是学习时序关系，因此 RNN 的特征学习可以视为时序特征学习。其基本特点是每个神经元在 t 时刻的输出会作为 $t+1$ 时刻输入的一部分，因此可以实现对变长序列数据的建模。LSTM 作为一种特殊的 RNN 结构，在时间序列建模等任务中取得了突出效果。

LSTM 在 RNN 基础上引入记忆模块，有效减缓信息丢失速度，缓解 RNN 训练过程中梯度消失及爆炸的问题。LSTM 的记忆模块由遗忘门 f_t^l、输入门 i_t^l、输出门 o_t^l 相互连接的神经网络组成，它们之间通过一种特殊方式进行交互，将记忆信息与当前信息进行比较，通过自我衡量、选择忘记的机制进行学习，使 LSTM 不需要很大成本便可以获得很好的记忆效果。LSTM 包括输入层、LSTM 层和输出层三部分（基本结构如图 2.4.3 所示）。在隐藏层中，f_t^l 控制上一时刻内部状态（C_{t-1}^l）需遗忘的信息量，i_t^l 控制当前时刻候选状态（$\tilde{C}_t^l$）需保存的信息量，o_t^l 则控制当前时刻内部状态（C_t^l）需输出给外部状

态（h^l_{t-1}）的信息量。其过程如下。

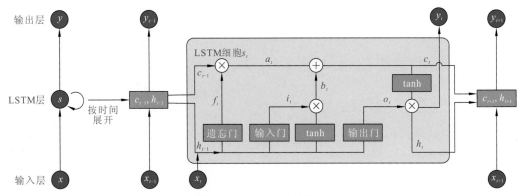

图 2.4.3　LSTM 基本结构

（1）利用上一时刻外部状态（h^l_{t-1}）和当前时刻输入（h^{l-1}_t），计算出 f^l_t、i^l_t 和 $\tilde{C}^l_t$：

$$\begin{cases} f^l_t = \sigma\left(\boldsymbol{w}_f \cdot \left[h^l_{t-1}, h^{l-1}_t\right] + \boldsymbol{b}_f\right) \\ i^l_t = \sigma\left(\boldsymbol{w}_i \cdot \left[h^l_{t-1}, h^{l-1}_t\right] + \boldsymbol{b}_i\right) \\ \tilde{C}^l_t = \tanh\left(\boldsymbol{w}_C \cdot \left[h^l_{t-1}, h^{l-1}_t\right] + \boldsymbol{b}_C\right) \end{cases} \tag{2.4.3}$$

（2）结合 f^l_t 和 i^l_t 更新记忆单元状态（C^l_t）：

$$C^l_t = f^l_t \odot C^l_{t-1} + i^l_t \odot \tilde{C}^l_t \tag{2.4.4}$$

（3）通过 o^l_t 将 C^l_t 信息传递给 h^l_t：

$$\begin{cases} o^l_t = \sigma\left(\boldsymbol{w}_o \cdot \left[h^l_{t-1}, \quad h^{l-1}_t\right] + \boldsymbol{b}_o\right) \\ h^l_t = o^l_t \odot \tanh\left(C^l_t\right) \end{cases} \tag{2.4.5}$$

式中：$\sigma(\cdot)$、$\tanh(\cdot)$ 分别为 Sigmoid 函数和双曲正切函数；$\boldsymbol{w}$、$\boldsymbol{b}$ 分别为权重矩阵和偏置向量；$\odot$ 表示两向量的标量积。

3. 多因素多测点预测模型

为提高大坝安全监测资料分析的效率，考虑监测点所在的位置和不同监测点之间的相互作用，构建了多因素多测点模型，通过实例分析可知：①多测点模型具有良好的预测性能，相比单测点模型，它能更好地反映大坝整体规律，对大坝结构健康与安全监控具有重要的应用意义；②在多测点选取方面，选取同一测线上的测点作为相关测点能够在保证预测精度的同时，达到多维测点的预测目的；③从工程应用上看，多测点预测模型的预测结果与实际变化过程基本一致，符合工程实际[25]。

与单测点模型相比，多因素多测点预测模型主要在测点选取和多测点的影响因子集的构建上存在差异。模型的建立包括以下几个步骤。

1）多测点的选取

考虑邻近测点的相关性，综合分析多个测点之间的关系，假设了多种多测点的选取方案，并分别进行验证，对比其预测性能选取最优的多测点选取方案。

2）大坝影响因子集的构建

选择环境影响变量和关联测点的监测效应量一同作为多测点模型的影响因子集。

3）数据的预处理

这一过程主要包括异常数据的剔除和数据的标准化。

4）影响因子的筛选

使用 Lasso 算法对新构建的影响因子集进行筛选，筛选之后对结果进行判断，如果符合大坝运行的实际情况，则将筛选出的影响因子集作为预测模型的影响因子输入，如果不符合实际则需要重新调整模型再次进行筛选，直到结果符合实际为止。

5）数据集的划分

为了提高模型的可靠性，对数据样本的划分采用"七三"原则，即样本数据的 70% 作为训练集，剩下 30% 作为验证集。

6）预测模型的建立及参数的调整

将筛选出的影响因子输入预测模型进行运算，根据模型运行状态调整参数的设置，直到模型的状态达到最优。

7）模型的评价

分别计算三种模型的平均绝对误差（mean absolute error，MAE）、均方误差（mean square error，MSE）及均方根误差（root mean square error，RMSE），对比分析不同的测点选取方案对模型预测性能产生的影响。

模型构建流程图如图 2.4.4 所示。

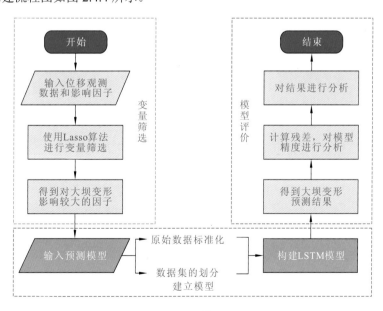

图 2.4.4　多测点模型构建流程

将同一测线上的所有测点作为多测点的选取方案，得到某坝段上所有测点的预测结果如图 2.4.5 所示。由图 2.4.5 可知，模型的预测结果与实测变形测值变化过程基本一致，模型残差波动较小，预测结果较为稳定。

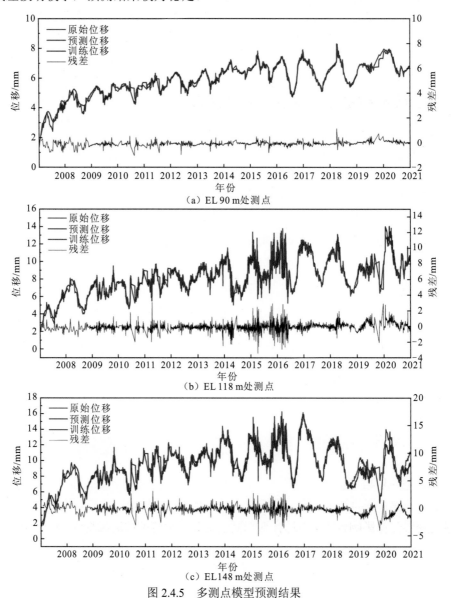

图 2.4.5　多测点模型预测结果

2.4.3　工程安全评价

1. 考虑谷幅变形影响的变形监控模型

溪洛渡高拱坝在上下游谷幅变形显著，自 2013 年蓄水以来变形绝对值仍在不断增加，到 2021 年 10 月底已达到 70~105 mm。坝肩向河谷中心变形趋势已对拱坝形成主动的挤压荷载，这种荷载对大坝的结构影响具有时效性，所引起的位移属于时效分量影响位移，因此在建立监控模型分析大坝变形规律时应考虑谷幅收缩对大坝变形的影响，并选取合适的因子来描述这种影响[26]。如图 2.4.6，谷幅变形呈曲线变化，对谷幅变形进行拟合，采用最小二乘法得 $R=0.993$。

$$y = -0.004\theta^3 + 0.278\theta^2 - 7.274\theta - 2.473 \qquad (2.4.6)$$

式中：y 为谷幅变形；$\theta = t/100$，t 为观测日期距离基准值日期的天数。谷幅变形拟合见图 2.4.6，说明时效分量可以较好表现谷幅变形。

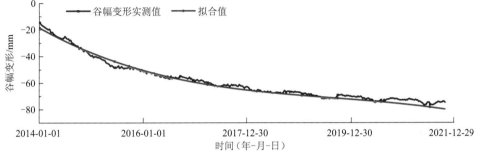

图 2.4.6　时效分量拟合的谷幅过程线

变形效应量与水压、温度、时效分量之间的联系可用表达式表示为

$$\delta = a_1 H + a_2 H^2 + a_3 H^3 + a_4 H^4 + b_1 \sin\frac{2\pi it}{365} + b_2 \cos\frac{2\pi it}{365} + \sum_{i=1}^{m_i} c_i I_i(\theta) + C \qquad (2.4.7)$$

式中：δ 为坝体位移拟合值；H 为上游水位；a_1、a_2、a_3、a_4 为水压分量拟合系数；b_1、b_2 为温度分量拟合系数；c_i 为回归系数；m_i 为时效因子的项数；C 为回归常数。

拟选取溪洛渡拱坝 10#、15#、22#、27#坝段部分测点在 2014 年 1 月 1 日~2021 年 12 月 31 日的数据采用逐步回归法进行模型计算，以 P15-5 测点为例，径向位移拟合、水压变形分量、温度变形分量和时效变形分量的影响位移过程线如图 2.4.7~图 2.4.10。

监控模型的复相关系数均在 0.85 以上，径向位移监控统计模型的拟合值与实测值吻合精度高，残差几乎接近 0，能较好反映径向位移的变化规律。由拟合模型可知，径向位移受温度变形分量影响较小，与运行期混凝土温度较稳定的情况相吻合。坝体变形主要受

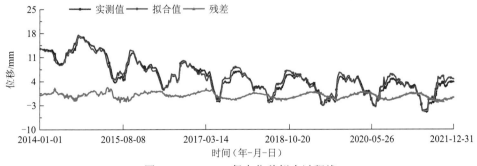

图 2.4.7　PL15-5 径向位移拟合过程线

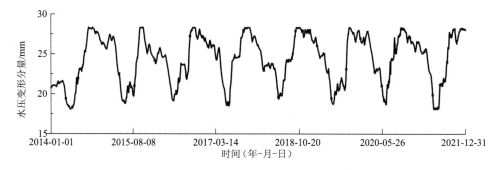

图 2.4.8　水压变形分量过程线

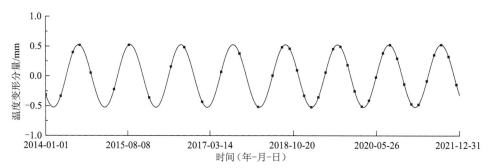

图 2.4.9　温度变形分量过程线

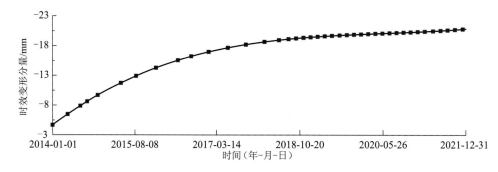

图 2.4.10　时效变形分量过程线

水压变形分量和时效变形分量两部分影响。水压变形分量自蓄水以来均指向下游，说明库盆水压力和坝面水压力作用叠加后，水压荷载综合效应使得坝体倾向下游，时效变形分量指向上游，自蓄水以来一直在持续地增大，当时效变形分量对坝体造成的影响超过了水压变形分量，坝体将出现倾向上游的变形趋势，时效变形分量具有较好的表达谷幅变形的能力，主要反映了谷幅变形的变化规律，推测谷幅变形可能是坝体倾向上游变形的主要原因。

2. 基于云模型和证据理论的高拱坝安全评价

大坝的安全问题值得高度重视。邓普斯特-沙弗（Dempster-Shafer，D-S）证据理论能够很好地解决 D-S 不确定性，将各因素进行融合增强置信度以增加评价的合理性和可行性。其中建立证据理论模型的基础是基本可信度分配概率函数的计算和权重的分配。

在评价过程中，首先可以根据查阅书籍和相关文献确定评价因素、评语集和安全等级对应的指标范围。引入云模型，由评价指标的实测值求解该指标对应于各安全等级的隶属度即基本概率分布，修正各安全等级的隶属度并引入权重系数，通过 D-S 准则合成总的概率分布（图 2.4.11）。

图 2.4.11　基于云模型的证据理论模型运算流程图

基于云模型和证据理论的高拱坝安全决策融合诊断模型的基本思路是：建立大坝安全综合评价指标体系，采用云模型根据各评价指标实测值求得各指标对应各安全评价等级隶属度，将求得的隶属度转化为 D-S 证据理论中的基本可信度，最后引入各指标权重系数，根据证据理论合成规则进行融合计算，最终实现大坝安全多源信息融合综合评价。

步骤一：整体建立安全评价的评语集，安全评价指标指标等级和相应的区间划分 $(x_{ij}^1、x_{ij}^2)$。

步骤二：计算云模型的数字特征期望、熵和超熵 $C（E_x、E_n、H_e）$。

$$\begin{cases} E_{xij} = \dfrac{x_{ij}^1 + x_{ij}^2}{2} \\ E_{nij} = \dfrac{x_{ij}^2 - x_{ij}^1}{2.355} \\ H_{eij} = s \end{cases} \qquad (2.4.8)$$

式中：E_x、E_n、H_e 分别为云模型的三个数字特征值期望、熵和超熵；E_{xij}、E_{nij} 是第 j 个评价等级云模型的数字特征值期望、熵；$H_{eij} = s$，s 为常数，根据评语本身情况进行调整。

步骤三：云模型确定底层指标基本可信度赋值。选取 q 个云滴对应于各安全等级的隶属度求和取均值作为各个评价指标在相应安全等级下的隶属度。

$$\mu_{ij}(k) = \exp\left(-\dfrac{\left(x_k - E_{xij}\right)^2}{2E_{nij}'^2} \right) \qquad (2.4.9)$$

$$E'_{nij} = E_{nij} + s_{ij}\,\mathrm{rand}(\ ) \tag{2.4.10}$$

$$\mu_{ij} = \sum_{k=1}^{N} \frac{\mu_{ij}(k)}{q} \tag{2.4.11}$$

$$\begin{cases} \theta_i = \max(\mu_{i1}, \mu_{i2}, \cdots, \mu_{iN}) \\ \beta_i(H_l) = \theta_{il}\mu_{il} \Big/ \sum_{l=1}^{N} \mu_{il} \quad \cdots \end{cases} \tag{2.4.12}$$

式中：θ_i 表示评价指标相应于各安全等级隶属度的最大值；μ_{ij} 为该评价指标相应于各安全等级的隶属度；x_k 为监测特征的监测值；E_{xij}、E_{nij}、s_{ij} 是第 j 个评价等级云模型的数字特征值期望、熵和超熵；$\beta_i(H_l)$ 为修正后的底层指标基本可信度赋值。

步骤四：熵权法确定各指标权重。

步骤五：证据理论融合子系统指标的基本可信度分配，得到整个系统的基本可信度分配。各指标中权重最大的指标为关键指标，其他为非关键指标。若关键指标为 e_{ik}^{j}，则其基本可信度分配为

$$m(H_l | e_{ik}^{j}) = \alpha_{ik} \beta_{ik}^{j}(H_l) \tag{2.4.13}$$

$$m(H | e_{ik}^{j}) = 1 - \sum_{l=1}^{N} m(H_l | e_{ik}^{j}) \tag{2.4.14}$$

式中：$m(H | e_{ik}^{j})$ 为完全不确知的基本可信度分配；α_{ik} 为关键指标在指标集中的重要程度，常取 0.9；$m(H_l | e_{ik}^{j})$ 为不同指标的完全不确知的基本可信度分配；$\beta_{ik}^{j}(H_l)$ 为修正后的底层指标基本可信度赋值。

若 e_{ik}^{j} 为非关键指标则其基本可信度分配的构造如下。

$$m(H_l | e_{ik}^{j}) = \lambda \alpha_{ik} \beta_{ik}^{j}(H_l) \tag{2.4.15}$$

$$m(H | e_{ik}^{j}) = 1 - \sum_{l=1}^{N} m(H_l | e_{ik}^{j}) \tag{2.4.16}$$

式中：$\lambda = \omega_{ik} / \omega_{im}$，$\omega_{ik}$ 为非关键指标的权重，ω_{im} 为关键指标的权重。

对于子系统指标 $E_j (j=1,2,\cdots,p)$ 中假设包含指标集 $I(n) = \{e_1^{j}, e_2^{j}, \cdots, e_n^{j}\}$，则用证据理论结合准则产生的综合的基本可信度分配为

$$m_{I(n)}^{l} = m(H_l | I(n)) \quad l = 1,2,\cdots,N \tag{2.4.17}$$

$$m_{I(n)}^{\theta} = m(H | I(n)) \tag{2.4.18}$$

式中：$m_{I(n)}^{l}$ 为指标集 $I(n)$ 中所有指标关于 H_l 的基本可信度分配；$m_{I(n)}^{\theta}$ 表示指标集 $I(n)$ 中所有指标完全不确知的基本可信度分配。

$$m_{I(l+1)}^{l} = k_{I(l+1)} \left(m_{I(l)}^{q} m_{l+1}^{q} + m_{I(l)}^{q} m_{l+1}^{\theta} + m_{I(l)}^{\theta} m_{l+1}^{q} \right) \quad l = 1,2,\cdots,N \tag{2.4.19}$$

$$m_{I(l+1)}^{\theta} = k_{I(l+1)} m_{I(l)}^{\theta} m_{l+1}^{\theta} \tag{2.4.20}$$

$$k_{I(l+1)} = \left(1 - \sum_{t=1}^{N} \sum_{l \neq t} m_{I(l)}^{t} m_{l+1}^{l} \right)^{-1} \tag{2.4.21}$$

式中：$m_{I(l+1)}^{l}$ 为指标集 $I(l+1)$ 中所有指标关于 H_l 的基本可信度分配；$k_{I(l+1)}$ 为中间参数。

3. 基于监测数据的大坝运行安全状况综合评价模型

针对工程结构特点、安全隐患与薄弱环节，按照监控对象、监控重点和监控项目等层次建立大坝安全分级监控指标体系。基于监测数据、结合结构仿真成果和巡检信息，制定大坝安全逐级融合评判准则。通过综合推理的方式实现大坝安全性态综合评价。

1）技术路线及原理

（1）技术路线。大坝整体安全状态是由布置在大坝的众多监测项目和监测测点来共同反映，因此大坝安全综合评价是一个多层次、多指标的复杂分析评价问题。大坝安全综合评价问题就是根据评价指标的特性，采用某种合理的评价途径来判断研究对象的等级。大坝运行状况综合评价模型技术路线如图 2.4.12 所示。

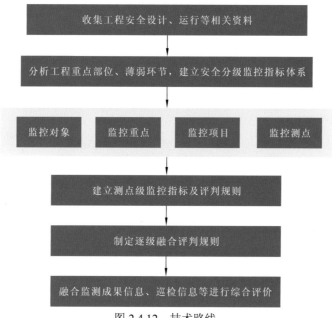

图 2.4.12　技术路线

（2）模型原理。综合测点级安全评判结果、巡检评判结果、结构计算结果，建立监控测点→监控项目→监控重点→监控对象的逐级评判规则，从而逐级评判工程实测运行性态。

a. "一票否决"评判准则：对象的安全状况取决其最薄弱的环节，如果某个测点出现报警，那么其所属项目、部位乃至大坝的预警级别均取决于预警等级最高的测点。

b. "综合推理"评判准则：针对各坝段的特点，分别从大坝强度、大坝整体稳定性、新老混凝土结合面稳定性、裂缝变化稳定性四个方面，制定通过多源信息融合及综合推理的方式进行实时诊断评价。区分重点部位和一般部位，非重点部位的运行规律预警仅作为提醒，评判规则不影响大坝运行性态综合评判，重点部位的监测和计算结果反映的运行规律作为评判大坝运行性态的重要依据。

首先根据监控对象、监控重点、监控项目、监控测点的分级原则建立大坝安全评判指标体系,区分重点部位和一般部位,如若是一般部位个别测点超过预警值,巡视检查信息无异常,则对大坝安全状态无显著影响。再根据坝段特点制定关联体系,判断报警测点的空间范围和相关逻辑关系,如果仅单个或少量测点超过预警值,比如某个坝基扬压力测点超出预警值,对大坝安全状态的影响可能较小。如果同一坝段上下游测点扬压力均正常,且经计算坝基抗滑稳定满足规范要求,则可以取消预警,仅提醒即可。依据关联体系判断结果逐级融合,获得大坝安全综合评价结果。

2)实施方案

(1)实施步骤。基于监测数据的大坝运行安全状况综合评价方法,监控对象为9个重点坝段,监控重点包括大坝强度、大坝整体稳定性、新老混凝土结合面稳定性、裂缝变化稳定性四个方面,关联测点信息涵盖监测与数值仿真信息,步骤如下。

a. 建立大坝安全状态集,分为正常、基本正常、轻微异常和严重异常。

b. 基于监测与数值仿真信息建立大坝运行安全评价指标体系,筛选安全评价指标的关联测点信息。

c. 建立大坝强度、大坝整体稳定性、新老混凝土结合面稳定性和裂缝变化稳定性关联测点信息推理机制。

d. 建立大坝运行安全评价规则,如果各评价指标所关联测点监测数据和数值仿真结果均小于设计或规范规定的允许值,异常率为零,那么评价指标正常,评价对象正常,大坝运行安全状态正常。如果各评价指标所关联测点监测数据超过设计或规范规定的允许值,先判断有无趋势性变化,如无,则评价结果正常,提示复测。如有,则结合相关监测数据和数值仿真结果通过与、非、或等基础逻辑关系,通过大坝强度、大坝整体稳定性、新老混凝土结合面稳定性和裂缝变化稳定性关联测点信息推理机制进一步分析处理,大坝运行安全评价结果取各指标最薄弱环节的评价结论。

(2)综合评价指标体系。综合评价指标体系包括以下指标:大坝强度安全评价指标包括混凝土应力、混凝土自生体积变形;大坝整体稳定性安全评价指标包括坝体变形+坝基抗滑稳定、坝基扬压力+坝基抗滑稳定;新老混凝土结合面稳定性安全评价指标包括结合面开合度、结合面钢筋应力、新老混凝土温度;裂缝变化稳定性安全评价指标包括裂缝开合度、钢筋应力。

(3)关联测点。关联测点包括:大坝强度安全评价指标关联测点信息包括应变计和无应力计监测数据、数值仿真应力计算结果;大坝整体稳定性安全评价指标关联测点信息包括坝顶和坝体水平垂直位移监测数据、坝基扬压力监测数据、数值仿真抗滑稳定计算结果;新老混凝土结合面稳定性安全评价指标关联测点信息包括结合面测缝计和温度计监测数据、新老混凝土温度计监测数据、数值仿真结合面开合度计算结果;裂缝变化稳定性安全评价指标关联测点信息包括裂缝计、钢筋计监测数据。

(4)关联测点信息推理机制。大坝强度安全的关联测点信息推理机制为:针对混凝土应力、自生体积变形指标,其正常、基本正常、轻微异常、严重异常对应的状态分别为：应变计、无应力计监测数据全部正常；应变计、无应力计监测数据异常率超过约 1/2，但数值仿真计算结果应力极值未超过设计值；应变计、无应力计监测数据异常率超过约 1/2，但数值仿真应力计算结果仅局部极值超过设计值；应变计、无应力计监测数据异常率超过约 1/2，但数值仿真应力计算结果大部分区域均超过设计值。

大坝整体稳定性的关联测点信息推理机制为：针对坝体变形指标，其正常、基本正常、轻微异常、严重异常对应的状态分别为：水平/垂直位移测点监测数据全部正常；水平/垂直位移测点监测数据异常率不超过 1/3，数值仿真抗滑稳定安全系数计算结果大于规范允许值；水平/垂直位移测点监测数据异常率不超过 2/3，数值仿真抗滑稳定安全系数计算结果大于规范允许值；水平/垂直位移测点监测数据异常率不超过 2/3，数值仿真抗滑稳定安全系数计算结果小于规范允许值。针对坝基扬压力指标，其正常、基本正常、轻微异常、严重异常对应的状态分别为：坝基扬压力测点监测数据全部正常；坝基扬压力测点监测数据异常率不超过 1/3，数值仿真抗滑稳定安全系数计算结果大于规范允许值；坝基扬压力测点监测数据异常率不超过 2/3，数值仿真抗滑稳定安全系数计算结果大于规范允许值；坝基扬压力测点监测数据异常率不超过 2/3，数值仿真抗滑稳定安全系数计算结果小于规范允许值。

新老混凝土结合面稳定性的关联测点信息推理机制为：针对结合面开合度、钢筋应力指标，其正常、基本正常、轻微异常、严重异常对应的状态分别为：开合度、钢筋应力监测数据全部正常，数值仿真计算结合面张开率为零；开合度、钢筋应力监测数据异常率不超过 1/3，且开合度和钢筋计同位置异常率不超过 1/4，且数值仿真计算结合面张开率不超过 1/3；上述三个条件有 1～2 条不满足；上述 3 个条件均不满足。

裂缝变化稳定性的关联测点信息推理机制为：针对裂缝开合度、钢筋应力指标，其正常、基本正常、轻微异常、严重异常对应的状态分别为：裂缝开合度和钢筋应力异常率为零，不存在新增裂缝；裂缝开合度和钢筋应力异常率不超过 1/3，不存在新增裂缝；裂缝开合度和钢筋应力异常率不超过 2/3，不存在新增裂缝；裂缝开合度和钢筋应力异常率超过 2/3，存在新增裂缝。

上述推理过程为基本原则，模型建立过程中需根据工程实际情况进行适当调整。

3）工程实例

某混凝土重力坝加高前正常蓄水位，坝顶高程 162 m，加高的主要方式是在老坝的上部和下游分别用混凝土加高和加厚。工程完工后坝顶高程由 162 m 加高至 176.6 m，最大坝高 117 m，坝顶长由 2 494 m 增加到 3 442 m。

以 21#溢流坝段为例，结构安全评价流程如下。

（1）根据 21#坝段的巡视检查资料，已有裂缝较少，因此评价指标为大坝强度、大坝整体稳定性和新老混凝土结合面稳定性。

（2）基于监测与仿真信息建立该坝段的结构安全评价指标体系，如图 2.4.13 所示。根据监测布置情况，选取混凝土应力作为大坝强度（应力应变）的底层评价指标；水平位移和垂直位移作为大坝整体稳定性（变形）的底层评价指标，坝基扬压力作为大坝整体稳定性（渗流）的底层评价指标，抗滑稳定安全系数作为大坝整体稳定性（抗滑稳定）的底层评价指标；开合度作为新老混凝土结合面稳定性（变形）的底层评价指标，钢筋应力作为新老混凝土结合面稳定性（应力应变）的底层评价指标，混凝土温度作为新老混凝土结合面稳定性（温度）的底层评价指标。

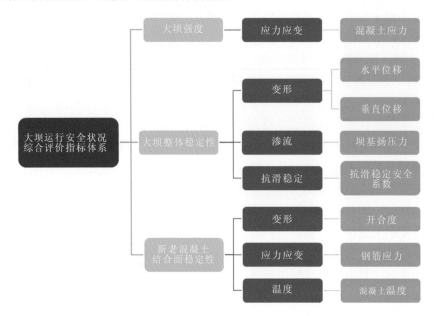

图 2.4.13　21#坝段安全状况综合评价指标体系

（3）建立关联测点和安全评价规则，如表 2.4.1、表 2.4.2，根据评价规则得到的评价结果为大坝强度、大坝整体稳定性和新老混凝土结合面稳定性评价结果均为正常，大坝结构安全评价结果正常。

表 2.4.1　21#坝段关联测点

监控项目	关联测点
混凝土应力	S01YL21、S01YL22
水平位移	LD55HC211、LD56HC211
垂直位移	PL01HC211、PL01HC212、PL01HC213
坝基扬压力	U21-1～U21-7
抗滑稳定安全系数	结构仿真模型
开合度	J01YL21～J10YL21
钢筋应力	R02YL21～R08YL21
混凝土温度	T01YL21、T02YL21、T07YL21、T08YL21、T09YL21、T17YL21、T18YL21、T19YL21

表 2.4.2　21#坝段监控测点-监控项目-监控重点-监控对象逐级融合方案

监控测点	监控测点→监控项目 融合规则	监控项目		监控项目→监控重点 融合规则	监控重点	监控重点→监控对象融合规则
S01YL21、S01YL22	正常：Q=2 轻微异常：Q=2	应力应变	混凝土应力	取监控项目最严重的判断结果	大坝强度	取监控重点最严重的判断结果
LD55HC211、LD56HC211	正常：Q=2 轻微异常：Q=2	变形	水平位移			
PL01HC211、PL01HC212、PL01HC213			垂直位移		大坝整体稳定性	
U21-1～U21-7	正常：Q=0，抗滑稳定安全系数满足规范要求 轻微异常：Q<3，抗滑稳定安全系数满足规范要求 一般异常：Q≥3，抗滑稳定安全系数满足规范要求 严重异常：抗滑稳定安全系数不满足规范要求	渗流、抗滑稳定	坝基扬压力			
抗滑稳定安全系数计算结果						
J01YL21～J10YL21	正常：Q=3 轻微异常：Q≥3 或者同一个位置的测缝计和钢筋计均轻微异常不超过 3 处 一般异常：Q≥3，同一个位置的测缝计和钢筋计超过 3 处	变形	新老混凝土结合面开合度		新老混凝土结合面稳定性	
R02YL21～R08YL21		应力应变	新老混凝土结合面钢筋应力			
T01YL21、T02YL21、T07YL21、T08YL21、T09YL21、T17YL21、T18YL21、T19YL21	正常：Q=4 轻微异常：Q≥4	温度	新老混凝土结合面温度			

注：Q 表示评分指标。

第 3 章

安全监测智能感知设备研制与工程化验证

3.1 基于微机电系统的新型感知技术及设备研制

近年来，随着微机电系统（microelectromechanical system，MEMS）技术的快速发展，其代替传统工艺传感器使仪器可靠性和适应性都大幅提升，目前已经有美国、加拿大和韩国等国家基于 MEMS 传感器开发了阵列式位移计，在中国两河口水电站、苗尾水电站等工程得到成功应用。但此类国外产品配套软件兼容性较差，二次开发与系统应用难度较大，不便于采集数据的实时分析。本书从 MEMS 传感器的高精度采集技术、通信组网方式及结构设计等方面着手，提高变形监测设备的实时采集速度，实现水利工程实时、连续、全天候、高精度的变形监测，为智能监测系统的快速预报、预警提供有力的技术支撑。

3.1.1 阵列式位移计研制及工程化验证

阵列式位移计由一系列连续相接的 MEMS 原理的加速度传感器构成，是一款多节串联型柔性三维智能测斜仪阵列，测量单元节节相连，系统可自动确定每个传感器单元的空间形态，从而实现对目标物的三维变形监测。

阵列式位移计主要用于三维空间内进行变形测量，包括连续深孔变形监测、沉降监测、隧道变形监测、桥梁变形监测等，可实时提供变形（位移）、倾角和振动（频率、振幅）测量。

1. 整体结构

阵列式位移计安装简单，在无外力破坏下，可长期免维护。阵列式位移计结合现代微机电技术、通信技术及软件云平台，可将监测对象的变形状态及变形量实时显示到屏幕，随时对比变形趋势，同样可以通过设定初值及报警指标，及时触发报警机制。阵列式位移计可实现全天候、实时、连续在线及远程无线监测。阵列式位移计的结构如图 3.1.1 所示。

2. 传感器选型及电路优化

阵列式位移计本体由串接的若干个传感器测量单元组成，每个测量单元微处理器和采集电路，根据上位机或触发指令实时采集 MEMS 加速度传感器输出的加速度值。仪器采用单元全姿态解算，提高了不同变形幅值条件下的解算精度，每个单元器件组成见图 3.1.2。

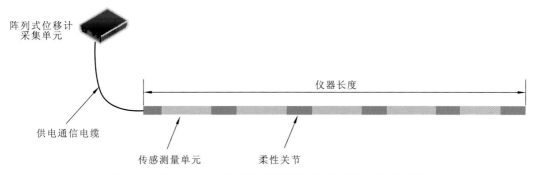

图 3.1.1　基于 MEMS 微型传感器的阵列式位移计功能示意图

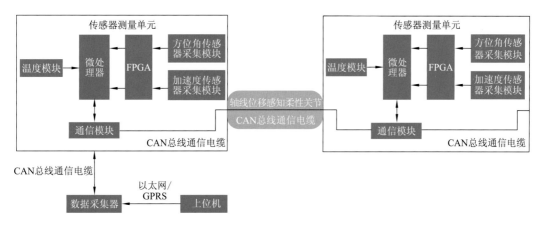

图 3.1.2　单元器件组成结构图

现场可编程门阵列（field programmable gate array，FPGA）；通用分组无线服务（general packet radio service，GPRS）

微处理器选用 32 位的精简指令集计算机（reduced instruction set computer，RISC）处理器的 STM32F103CBT6，为阵列式位移计提供先进的响应中断的能力、超常的代码效率，微处理器主要用于测量单元采集控制、通信协议解析、功能模块数据交互等，通过微处理器的高效处理机制,可显著提升阵列式位移计每个测量单元的采集和通信效率，从结构上为仪器提供可靠的硬件基础，为仪器的稳定性和可靠性提供硬件保障。

为提高阵列式位移计的精度，经过对比测试，主要依据以下三点需求选取加速度传感器：①加速度传感器的作用是解算三个倾斜角的原始数据，需要采用一个高精度倾斜测量的加速度传感器；②随着加速度传感器数量增大，会增大系统的功耗，必须要控制数据电路板的总功耗，选择功耗小、稳定性高、灵敏度高的加速度传感器是关键；③阵列式位移计需要长期埋设在结构工程中，必须具有长期测量稳定性、抗干扰能力强的特性。因此采用 ADI 公司的 ADXL355 三轴 MEMS 加速度传感器，传感器芯片与主控芯片间以串行外围设备接口（serial peripheral interface，SPI）协议通信。运用 3.3 V 供电与地间的退耦电容，以及数字地和模拟地之间的磁珠等设计，消除高频噪声，抑制电磁干扰。

3. 实时通信组网技术

1）CAN 总线通信

水利水电工程的监测仪器多数采用 RS485 的通信方式，但是 RS485 通信的连接设备超过 32 个时，会出现通信不稳定的情况。为了增加阵列式位移计的通信稳定，并满足接入 150 节测量单元的工程实际需求，阵列式位移计的各测量单元之间采用 CAN 总线通信，为阵列式位移计的实时传输及自适应响应提供通信保证。CAN 收发器芯片型号经对比测试，选用芯片 TJA1050T，CAN 收发器芯片周围电路设计防雷保护。CAN 总线控制图如图 3.1.3 所示。

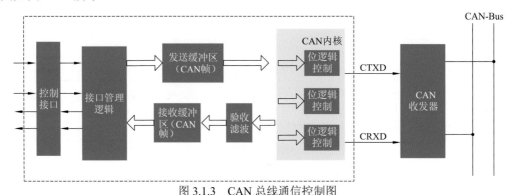

图 3.1.3　CAN 总线通信控制图

CAN 传输数据（CAN transmit data，CTXD）；CAN 接收数据（CAN receive data，CRXD）

CAN 总线采用 CAN-Bus 多主从结构，微处理器 STM32F030C8T6 自带了一个 CAN 控制器，通过外接 TJA1050T 的 CAN 收发器，可实现阵列式位移计的实时数据交互。当一个测量单元完成发送，另一个测量单元探测总线处于空闲状态就可以进行发送，省去了采集装置的询问，提高了总线利用率。由于每个测量单元均具有 CAN 控制器，可以对发生的错误进行检测，向总线发送错误帧来提示其他测量单元，自身的控制器自动闭锁，以保护总线。

2）通信协议设计

监测管理平台或者手机 APP 作为上位机发出命令给阵列式位移计的采集装置，采集装置再根据此命令解释成相应时序信号直接控制各测量单元，采集装置将读取的设备状态及数据反馈给上位机。阵列式位移计优化通信机制，设计了一套实时、高效的通信协议，通过采集装置、各测量单元的嵌入式编程，共同协作完成数据的采集与传输。

上位机可以向采集装置发送命令，采集装置再根据此命令解释直接控制各测量单元，上位机命令主要有数据更新率、角度置零、输出方式的选择，如表 3.1.1 所示。数据更新率即设备采样频率，可以设置为 0.01 Hz、0.1 Hz、1 Hz、5 Hz、10 Hz。输出方式可以设置为单次输出和连续输出，阵列式位移计 3D 动画演示时可以进行连续输出设置。

表 3.1.1　数据接收列表

功能	详解	命令字	数据帧
数据更新率	10 Hz	0x01	DD DD 04 01 01 04
	5 Hz	0x02	DD DD 04 01 02 07
	1 Hz	0x03	DD DD 04 01 03 06
	0.1 Hz	0x04	DD DD 04 01 04 01
	0.01 Hz	0x05	DD DD 04 01 05 00
角度置零	允许置零	0xA5	DD DD 04 01 A5 A0
	置零设置	0xE5	DD DD 04 01 E5 E0
	清除置零设置	0xE8	DD DD 04 01 E8 ED
输出方式	单次输出	0xA2	DD DD 04 01 A2 A7
	连续输出	0xA4	DD DD 04 01 A4 A1

　　阵列式位移计向上位机发送的数据形式以十六进制表示，测量单元原始输出数据的具体形式如表 3.1.2 所示。

表 3.1.2　原始输出数据帧格式

字节位置	含义	数据类型	说明
1	帧头	无符号数	0xDD
2	帧头	无符号数	0xDD
3	帧长	无符号数	数据帧长度，不包括帧头
4	地址	无符号数	地址号
5，6	X 轴加速度高 16 位	4 字节有符号数	X 轴加速度=解析后数据/10 000
7，8	X 轴加速度低 16 位		
9，10	Y 轴加速度高 16 位	4 字节有符号数	Y 轴加速度=解析后数据/10 000
11，12	Y 轴加速度低 16 位		
13，14	Z 轴加速度高 16 位	4 字节有符号数	Z 轴加速度=解析后数据/10 000
15，16	Z 轴加速度低 16 位		
17，18	X 轴角度高 16 位	4 节有符号数	X 轴角度=解析后数据/1 000
19，20	X 轴角度低 16 位		
21，22	Y 轴角度高 16 位	4 节有符号数	Y 轴角度=解析后数据/1 000
23，24	Y 轴角度低 16 位		
25，26	Z 轴角度高 16 位	4 节有符号数	Z 轴角度=解析后数据/1 000
27，28	Z 轴角度低 16 位		

续表

字节位置	含义	数据类型	说明
29	温度高8位	双字节无符号数	温度=解析后数据/100
30	温度低8位		
31	保留	无符号数	0x00
32	校验		前24字节数据的异或结果

3）实时通信交互及变量动态分析

阵列式位移计通过连接数据采集器与其他终端进行通信，仪器通过变形监测系统和手机 APP 来进行配置。手机 APP 具有设备配置、设备静态信息显示、实时数据读取、实时数据展示、数据同步、历史数据读取等功能。手机 APP 可解算成果资料，适应现场复杂情况，展示阵列式位移计实时的二维图形及三维图形，可实时查看阵列式位移计的实时变形姿态。如图 3.1.4 所示。

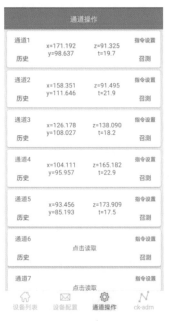

（a）实时读数

（b）详细数据

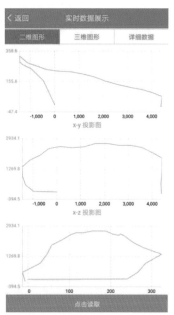

（c）二维图形

图 3.1.4　阵列式位移计实时数据展示界面

根据阵列式位移计数据特点及实际工程需要，变形监测系统的阵列式位移计管理模块具有以下主要功能。

（1）数据读取：当 PC 上位机对阵列式位移计下位机发送数据采集命令后，下位机实时地将测量数据发送到上位机平台。但原始测量数据为十六进制数据，在对监测数据进行计算处理之前，需要将十六进制数据转换为十进制数据。

（2）信号处理：由于加速度输出的信号会容易受到噪声信号的影响，所以需要对输出信号进行滤波去噪，提高加速度计的输出信号的可靠性。

（3）位移曲线输出：对经过信号降噪处理的加速度计输出信号进行倾斜角和位移量的解算，得到深部位移变形曲线和沉降变形曲线。

（4）安全评价：通过对被监测结构体变形关键部位的变形量、变形量峰值及变形速率进行安全性和稳定性分析，为被测结构体的变形状态提供评估依据。

（5）其他功能：包括历史数据查询与导出功能、数据绘图显示与导出功能，生成报告功能等。

变形监测系统关于阵列式位移计的软件模块结构如图 3.1.5 所示。

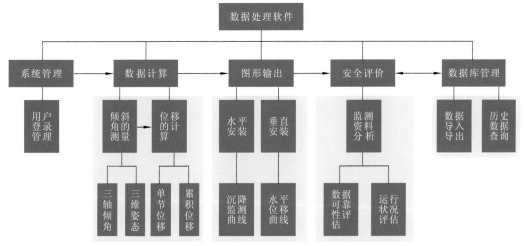

图 3.1.5　变形监测系统阵列式位移计的软件功能

系统可以实时设置每个设备的基本信息，可以设置工程部位、测点编号、序列号、生产日期、设备型号、固件版本、单节长度、总节数、通信连接方式、定时采集设置，还能根据具体的测试场景选择不同的布置方式。用于隧道收敛监测时，采用弧形的布置方式；用于大坝沉降监测时，采用水平布置方式；用于边坡测斜监测时，采用垂直布置方式。

以隧道收敛变形为例，可以实时查看阵列式位移计整体的收敛变形效果图，如图 3.1.6、图 3.1.7 所示。可以自由选择不同节点的数据，也可以查看某一节点的"径向变形量"曲

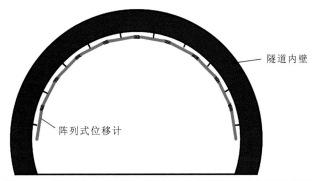

图 3.1.6　阵列式位移计用于隧洞收敛变形监测的安装示意图

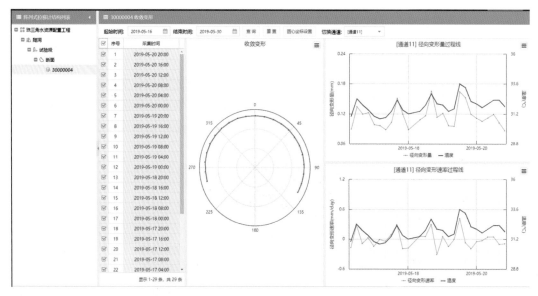

图 3.1.7　阵列式位移计收敛变形三维视图界面

线和"径向变形速率过程线"。界面可以实时查看阵列式位移计的实时变形姿态，包括三维视图，以及三个平面上的投影图形。

4. 试验验证

1）单节测量单元的精度验证

为了验证阵列式位移计测量角度的精度，需进行检验率定。现利用分度仪对单节测量单元进行旋转测试。当单节测控单元处于某一倾斜角度时，可以使用 2.1 小节中提到的计算方法，通过重力加速度在加速度传感器三个轴上的分量可以计算出每个轴与重力矢量的夹角，也可换算为每个轴与水平面的夹角。

通过气泡水平仪调整分度仪水平状态，将单节测量单元夹持在分度盘上，其中三轴 MEMS 加速度传感器 X 轴与 Y 轴处于水平面，Z 轴垂直向上。将分度仪输出的角度作为标称值，来检验单节测控单元测量的角度量误差。为了提高测试精度，对加速度传感器采集原始数据进行均值滤波，如图 3.1.8、图 3.1.9 所示。

2）简支梁模型试验

为了验证阵列式位移计水平安装时测量垂直向位移的可行性，设计了模拟简支梁在集中荷载下的挠度对比试验。试验模型主要分为仪器主体、聚氯乙烯（polyvinyl chloride，PVC）管、固定支座三个部分。本试验采用的阵列式位移计样机具有五节测量单元。将阵列式位移计穿入到 PVC 管中，再将 PVC 管穿入在支座上的固定钢环中，使其两端不能产生任何位移。用整个 PVC 管来模拟简支梁。在 PVC 管简支梁的 1/3、2/3 处挂好托盘和砝码施加集中荷载。

试验采用百分表与位移计两种手段与阵列式位移计的测量结果进行对比分析。通过

图 3.1.8　电动分度仪检测单节测控单元

图 3.1.9　手动分度仪检测单节测控单元

磁性表座将百分表、位移计测量探头一上一下固定在与阵列式位移计的柔性关节相同位置。为了保证阵列式位移计与 PVC 管在荷载作用下同步协调变形，确保试验数据的准确度，通过在阵列式位移计柔性关节与传感器位置处用胶带绑扎加粗，使其与 PVC 管内壁贴合来增大耦合性。

　　试验过程中，每次施加一个质量为 319 g 的砝码，共施加五级荷载。为确保测量探头在 PVC 管加载过程中不发生滑动，在 PVC 管上下各放置了一个垫片，将探头放置在垫片中间来提高测量精度。每次施加荷载后静置 1 min 待挠度变形稳定后再采集数据。分别将加载过程中各读数与初始值作差，绘制出逐级加载过程中阵列式位移计、常规位移计的荷载等级-挠度曲线图。

3）立柱模型弯曲试验

为了验证阵列式位移计在竖直安装时测量水平位移的可行性，将穿入阵列式位移计的 PVC 管竖起，下端穿入固定钢环，保证底部不产生位移，作为固定点。在 PVC 管中部用卡箍固定好拉力计，通过拉力计沿着 Y 轴方向对 PVC 管施加不同拉力荷载，模拟立柱受水平拉力时变形，在初始位置固定一根 PVC 管作为参照物，采用全站仪对立柱受不同拉力荷载下的位移变形进行测量。每次施加 10 N 拉力荷载，静置 1 min 等变形稳定后，进行采集数据。将全站仪测得数据与阵列式位移计测量数据进行对比分析，绘制出逐级加载下水平位移与立柱长度位移曲线。

5. 工程验证

长江水利委员会长江科学院（简称长江科学院）承担了中国华能集团水牛家水电站的安全监测自动化改造项目，在其大坝测斜孔内安装 1 条 88 m 的阵列式位移计进行深部位移自动化监测，能够全天候、实时监测大坝深部变形（图 3.1.10）。

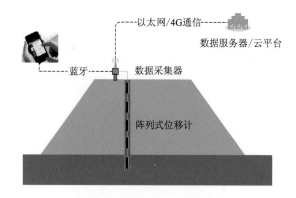

图 3.1.10　阵列式位移计用于大坝深部位移监测示意图

3.1.2　固定式测斜仪研制及工程化验证

针对使用 RS-485 通信的传统测斜仪在面对当下实时测控要求时所体现的各种不足，采用 CAN 总线技术设计了一套功能齐全的双轴测斜的固定式测斜仪，具备数据测量、数据采集、数据通信、数据处理、人工交互、自动预警等一系列相关功能，为大坝近坝库岸、边坡的滑坡监测提供有效的智能监测（图 3.1.11）。同时对其他类似设计所忽略的双轴正交问题进行了处理，使用二元回归算法提高了测量结果的精度。测试试验通过分度仪对样机进行了测量结果标定，将量程内测量误差缩小到 0.2%FS 以内[27]。

1. 系统功能优化设计

固定式测斜仪作为埋入式角度传感器，无法独立完成测量任务。本书提出一种同时开发固定式测斜仪所需的数字采集仪与手机 APP 交互软件的方式，形成一套完整的位移

图 3.1.11 固定式测斜仪实物图

测量系统。固定式测斜仪与太阳能电源、数字采集仪、手机移动端及监测平台组成测量系统，可测量滑坡变形情况。通过将固定式测斜仪结构安装在待测内部的测斜管中，当待测结构发生内部形变时，测斜管跟随发生形变，固定式测斜仪因而随之发生倾斜角度变化。读取各部位测斜仪角度数据，结合已知深度，即可计算测斜管完整变形情况[28]。

通过 CAN 通信技术和数字采集仪，提升了测斜仪系统的通信质量，也为用户调整测斜仪内部参数、更新程度及重复安装使用提供便利。

固定式测斜仪系统结构如图 3.1.12 所示。

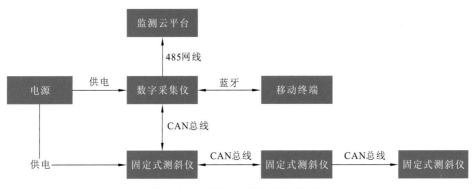

图 3.1.12 固定式测斜仪系统结构图

固定式测斜仪由串接的若干个传感器测量单元组成，每个测量单元形似刚性长筒，连接杆长度可选。相邻的测量单元间则通过万向节连接，可以弯折。埋设时，根据需求选用大小合适的测斜管，埋设在坡体中即可。每个固定式测斜仪测量单元拥有独立的通信模块以保障通信的成功率，一串测量单元的通信模块可以通过一条 CAN 总线连接，将各自的数据分时传送给数据采集装置，之后通过有线或无线传输方式发送到上位机。

上位机接收加速度及温度、时间等信号后，经计算得到各单元的偏转角度进而求解各单元姿态，以此判断各位移计不同时间的位移情况，从而完成对测量目标形变监测。

固定式测斜仪电路芯片选型工作主要包含的核心芯片有主控芯片、MEMS 倾角传感器芯片和数模转换芯片。

主控芯片考虑到功耗、CAN 总线功能及体积等因素，选用 STM32F103CBT6 芯片，主控芯片中划分有 Flash 存储区域，用以储存计算参数、设备编号等信息。固定式测斜仪主控芯片选用 STM32F103CBT6 芯片。主控芯片使用一颗外置 8 MHz 晶振作为时钟源，提高主控时钟精准度。主控芯片与模-数转换（analog to digital conversion，A/D）转换芯片连接，以 SPI 通信方式取得测量值数字信号。主控芯片与温度测量芯片连接，同样以 SPI 通信方式取得温度值。主控芯片 CAN 总线输出口、输入口直接和通信电路连接进而与 CAN 总线通信。

MEMS 倾角传感器芯片采用 SCA103T 系列芯片，根据使用量程需要，选择型号为 04 或 05 芯片，分别对应±15°和±30°量程。传感器电路使用两个单轴 MEMS 倾角传感器芯片分别测量两个正交的轴向倾角。不采用单颗双轴 MEMS 倾角传感器芯片主要因为，在芯片制造工艺的限制下，一颗单轴的 MEMS 倾角传感器芯片相比于一颗双轴的 MEMS 倾角传感器芯片具有更好的精度和稳定性，例如本系统采用的 SCA 系列 MEMS 倾角传感器芯片 SCA100T 和 SCA103T，前者 SCA100T 为双轴传感器，其分辨率为 0.002 5°，温漂为 0.008°/℃；后者 SCA103T 则为单轴传感器，其分辨率为 0.001 3°，温漂为 0.002°/℃，对于提升测量精度有益。由于测量方向要求，传感器电路与其他电路不设置于同一块电路板上。传感器电路单独制板，与主电路通过两个端口连接，其中，一个两线端口连接主电路 5 V 电源，作为此电路板的供电端口，另一四线端口作为两颗 MEMS 倾角传感器芯片输出端口连接主电路板。

2. 仪器实时采集及数据处理

1）测量方法

固定式测斜仪采用 MEMS 倾角传感器芯片作为倾角传感器。该类型芯片本质上为加速度计，内部具有机械结构，当芯片产生倾斜时，内部电容与重力在芯片测量轴上分量有定量关系。由于重力场恒定不变，重力分量又与倾斜角度具有三角函数关系，所以通过电容值即可反推出相应倾斜角度，从而将机械量转换为电学物理量[29]。本书采用的 MEMS 倾角传感器芯片通过封装，其最终输出为电压值。

固定式测斜仪测量角度的工作原理如图 3.1.13 所示。

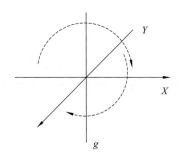

图 3.1.13　固定式测斜仪工作原理图

测斜仪内两颗正交的 MEMS 倾角传感器芯片分别对应 X、Y 轴，重力方向为 g 轴，三轴在空间上相互垂直。当固定式测斜仪沿 X 轴与重力平面上虚线发生旋转时，X 轴方向上的加速度分量发生变化，X 轴 MEMS 倾角传感器芯片输出模拟电压值随之产生变化。固定式测斜仪主电路通过测量电压模拟量的大小判断角度大小。同理，Y 轴方向上倾斜角度大小通过 Y 轴对应芯片的电压模拟量大小判断。

芯片输出电压大小与角度关系为

$$\alpha = \arcsin\left(\frac{V_{\text{Dout}} - V}{\text{SEN}}\right) \tag{3.1.1}$$

式中：α 为角度；V_{Dout} 为输出电压值；V 为水平时输出电压值；SEN 为芯片灵敏度，大小为 16 V/g。

2）数据边缘侧分析流程

测量电路的主要功能是将 MEMS 倾角传感器芯片的模拟电压信号进行模数转换，转换成为数字信号向主控芯片进行传输。测量电路的核心芯片为 ADS1247。ADS1247 芯片为 24 位 A/D 转换芯片，较大的数字位数可以保证固定式测斜仪最终测量值分辨率足以达到要求。该芯片与主控芯片间以 SPI 协议通信。考虑到 SCA103T 芯片的量程需要，A/D 转换芯片的电压基准最终采用电压基准源芯片 ADR4550 提供的 5 V 电压。温度测量功能主要用于对测量值进行温度补偿，采用 DS18B20 芯片。

固定式测斜仪内部电路主要功能包括：双轴角度测量、温度测量、数据处理与保存、CAN 总线通信。通过微处理器的边缘侧分析流程如图 3.1.14 所示。

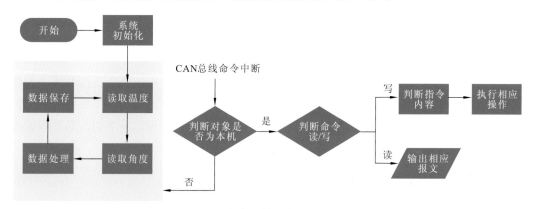

图 3.1.14　固定式测斜仪边缘侧分析流程图

固定式测斜仪通电后开启，程序初始化后，对温度与角度测量芯片发出指令，进行温度与角度测量。多次测量后，测量芯片返回的多组数据保存在主控芯片中作为初始数据集。之后，经过对初始数据进行筛选、求取平均、拟合等数据处理过程，得到的测量值继续保存在主控芯片内作为最终测量值。在没有侦测到外部 CAN 总线指令的情况下，上述过程会重复执行，以保证测量值实时更新。

当测斜仪侦测到 CAN 总线上有操作指令后，执行中断，并判断该指令的目标对象是否为自身，如果判断为否，则返回到持续测量的状态内。如果判断目标对象为自身则执行中断程序，进行相应操作。

当指令内容为写入类指令时，程序提取出 CAN 总线报文内的数据并写入到规划好的 Flash 区域，此类写入数据包括设备在 CAN 总线上的 ID、数据处理过程使用的拟合参数等。当指令内容为输出时，则根据具体的指令内容，将温度与角度数据分别或整体制作成 CAN 总线报文输出。

3. 误差处理

1）A/D 转换与复合滤波

测量工作中，MEMS 倾角传感器输出模拟电压信号经过 24 位 A/D 转换芯片处理后，数字信号传输至主控芯片并保存，此过程称为一次采样。根据需要，每次测量会进行数次采样，得到一组测量结果样本集。为了得到稳定可信的测量结果，系统程序需要对样本集进行复合滤波。

复合滤波的意义在于处理掉突变信号和远离样本区域的离散点。复合滤波的具体实现方式包含去除极值及算数平均，计算方法如下。

当样本集中样本数量为 n 时，保存所有样本值，去掉最大值、最小值，得到 $n-2$ 个样本值，求和得到

$$\sum_{n-2} x = \sum_n (x - x_{\max} - x_{\min}) \tag{3.1.2}$$

对结果求算数平均可得最终测量值 $\bar{x}$：

$$\bar{x} = \frac{\sum\limits_{n-2} x}{n-2} \tag{3.1.3}$$

2）温度误差补偿

如上文所述，MEMS 倾角传感器芯片的标称灵敏度 SEN 为 16 V/g，即每重力加速度输出 16 V 电压。由于 MEMS 倾角传感器芯片的灵敏度与温度相关，为了提升测量精度，需要对由于温度变化导致的灵敏度变化结果进行修正。根据芯片手册，芯片灵敏度随温度变化按如下方式计算。

$$SENS_{comp} = SEN \times (1 + S_{corr}/100) \tag{3.1.4}$$

式中：$SENS_{comp}$ 为修正后灵敏度，S_{corr} 为灵敏度温度相关性参数。S_{corr} 计算方法如下。

$$S_{corr} = -0.000\,000\,5 \times T^3 - 0.000\,05 \times T^2 + 0.003\,2 \times T - 0.031 \tag{3.1.5}$$

式中：T 为温度，通过测斜仪内温度传感器测量。

将（3.1.4）式中 SEN 替换为 $SENS_{comp}$ 即可完成温度误差补偿。

3）安装误差补偿

安装误差表现在多轴测量中，也称非正交误差。由于安装工艺的不理想，集成两颗单轴 MEMS 倾角传感器芯片时，无法保证两颗芯片的测量方向理想正交，两轴测量结果存在耦合，即当测斜仪发生单一轴线方向上的倾斜时，另一轴线方向并非保持不变。双轴测量值会产生由于安装工艺造成的测量误差，对于安装误差的补偿即是消除这种耦合。

在使用单轴芯片的前提下，本书系统采用的方法是以二元拟合的形式，将双轴的测量结果投射到理想曲面上，通过拟合找到每组 X、Y 轴测量数据所对应的 X 轴或 Y 轴的真实数据，借此实现对测斜仪安装误差的补偿。具体实施步骤参考样机试验标定过程。

4. 高精度校正算法

使用分度仪对样机进行标定。当 X 轴为测量轴时，测量结果如表 3.1.3 所示。其中标定值为分度仪示数，其余为样机测量结果。

表 3.1.3　X 轴测量结果

标定值		测量值	
X 轴/(°)	Y 轴/(°)	X 轴/(°)	Y 轴/(°)
12	0	11.969	0.601
10	0	10.016	0.613
8	0	8.008	0.626
6	0	5.973	0.638
4	0	3.985	0.649
2	0	1.979	0.661
0	0	−0.036	0.673
−2	0	−2.041	0.688
−4	0	−4.049	0.699
−6	0	−6.053	0.710
−8	0	−8.042	0.722
−10	0	−10.022	0.733

按设计目标，当固定式测斜仪测量轴与分度仪旋转方向一致时，固定式测斜仪测量轴测量结果应当与分度仪读数同步变化。同时，由于上述安装误差的存在，非测量轴测量值会有轻微变化。标定结果显示，X 轴测量值与标定值基本一致，测量误差为 0.27%FS。Y 轴测量值随 X 轴旋转单调变化，Y 轴测量值总变化量约为 0.13°，明显小于 X 轴测量值总变化量。

根据样机试验数据，使用 python 工具并应用非线性最小二乘回归对表 3.1.3 中的数据进行二元二次拟合，得到以下结果。

X 轴拟合曲面（图 3.1.15）：

$$z_x = 2.630E-3x^2 + 3.529xy + 510.8y^2 - 0.728\,2x - 76.79y + 2.918 \tag{3.1.7}$$

Y 轴拟合曲面（图 3.1.16）：

$$z_y = 1.501E-2x^2 + 4.448xy + 324.5y^2 - 0.326\,4x - 47.61y + 1.747 \tag{3.1.8}$$

曲面 Z 轴为双轴拟合结果，Z_x 为 X 轴拟合结果，Z_y 为 Y 轴拟合结果。通过拟合曲面计算最终测值后结果如表 3.1.4 所示。

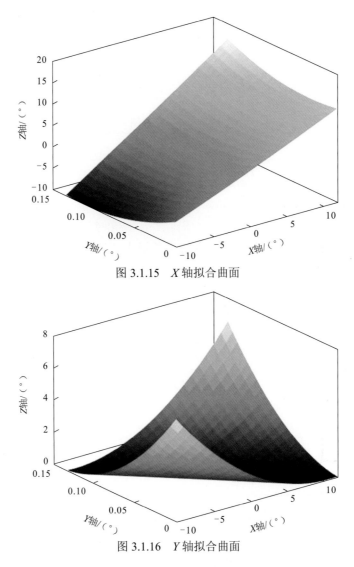

图 3.1.15　*X* 轴拟合曲面

图 3.1.16　*Y* 轴拟合曲面

表 3.1.4　二元拟合后测量结果

标定值		测量值	
X 轴/（°）	*Y* 轴/（°）	*X* 轴/（°）	*Y* 轴/（°）
12	0	11.976	0.024
10	0	10.018	0.018
8	0	8.001	0.001
6	0	5.985	0.015
4	0	4.019	0.019
2	0	2.008	0.009
0	0	-0.001	0.001

续表

标定值		测量值	
X 轴/(°)	Y 轴/(°)	X 轴/(°)	Y 轴/(°)
−2	0	−1.995	0.005
−4	0	−4.001	0.001
−6	0	−6.016	0.016
−8	0	−8.001	0.001
−10	0	−9.989	0.012

经过二元拟合后，X 轴拟合后测量结果误差为 0.12%FS，Y 轴拟合后测量结果不再呈现单调变化，而是在零点附近波动，并且误差极小，约为 0.02%FS。

5. 试验验证

1）机械结构强度测试

由于固定式测斜仪结构较为复杂，其中各连接处包含销钉、螺纹、万向节和焊接等多种连接方式，考虑到设备使用的安全性，对其进行拉拔测试，以检查固定式测斜仪在极限长度下是否有断裂风险。试验使用拉拔机对固定式测斜仪的传感器筒身强度和滑轮组连接杆分别进行测试，测试情况如图 3.1.17 所示。

（a）传感器筒身拉拔测试　　　　　　　　（b）连接杆拉拔测试

图 3.1.17　拉拔测试

经测试，反复拉拔试验后，传感器筒身部分在测试中始终没有出现断裂或变形情况。此部分基本可以排除在断裂风险之外。滑轮组和连接杆部分的断裂首先发生在滑轮件与万向节连接处的焊接件。可以确定该处属于固定式测斜仪结构的最大风险点。

根据试验数据，在传感器机械结构不破坏情况下，经受峰值拉力约为 700 kN。折算

质量 m 约为

$$m = \frac{F}{g} = \frac{700}{9.8} = 71\,429\,\text{kg} \qquad (3.1.9)$$

式中：F 为作用在物体上的力；g 为重力加速度。

依照本仪器单节长度 1 m 计算，其重量约为 1.8 kg，在 10 倍安全裕度情况下，本仪器支持最大长度 L 约为

$$L = \frac{m_{\max}}{\eta m} \times 1 = \frac{71\,429}{10 \times 1.8} \times 1 = 3\,968\,\text{m} \qquad (3.1.10)$$

式中：m 为仪器单节质量；$m_{\max}$ 为仪器能承受的最大质量；η 为安全裕度。

试验结果表明，固定式测斜仪机械结构强度可靠，设计目标的最长使用长度远小于其强度所支持的使用长度。在正常使用情况下，基本没有机械结构崩坏的危险。

2）防水性能测试

相较于机械结构的风险，作为一款高精密的电子仪器，在实际使用情况中，固定式测斜仪更大的风险在于防水性能的不足。由于固定式测斜仪需要长期埋设在深孔中，一旦周围测斜管发生变形破裂或遇到雨水天气，就有可能长期处于泡水的状态。因此，固定式测斜仪的防水密封性对固定式测斜仪的长期稳定使用至关重要。

图 3.1.18 为本试验所使用相关设备，包含水压力罐、罐顶水压表和水泵。水压力罐额定最高水压 4 MPa，水压力表量程为 5 MPa。

图 3.1.18　防水性能测试试验

进行水压力试验时，将固定式测斜仪完全沉入水中，置于水压力罐内。待水压力罐上盖密封后，通过水泵不断注水加压。

固定式测斜仪设计最大水压 1 MPa，相当于经受 100 m 水深。试验中，实际加压值约为 1.6 MPa。当水压力罐内部压力达到测试要求后，旋转阀门密封起整台设备，静置一天后取出设备。经测试，水压力试验后取出的设备各功能正常，打开固定式测斜仪筒身腔体

观察，无渗水痕迹。试验结果基本表明当前设计满足固定式测斜仪对防水密封性的要求。

6. 工程验证

固定测斜仪目前已在多个工程项目中得到应用。下面以在白鹤滩水电站周围边坡取得的部分数据作为展示（图 3.1.19）。

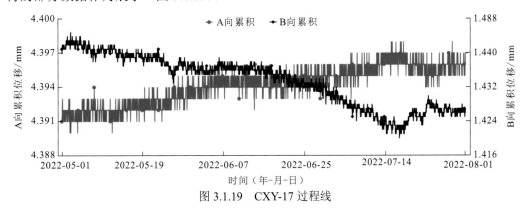

图 3.1.19　CXY-17 过程线

该处测点总计部署 20 根测斜仪，测斜仪间隔 1 m，累计深度 20 m，图 3.1.19 为地表处 1#测斜仪部分测量结果。图 3.1.20 中 A 向累积对应测斜仪 X 轴方向测量结果，B 向累积

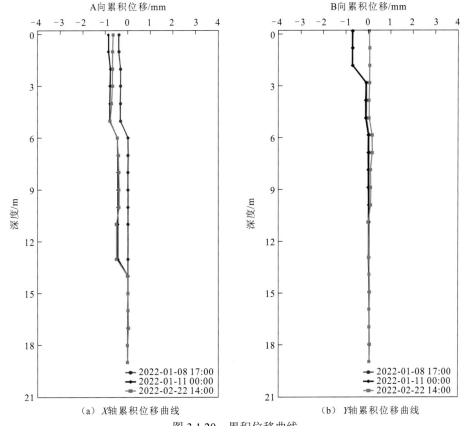

（a）X 轴累积位移曲线　　　　　　　　（b）Y 轴累积位移曲线

图 3.1.20　累积位移曲线

对应 Y 轴方向测量结果。此测量结果经过处理,将角度转换为位移值展示,单位为 mm。

图 3.1.20 所示为该处测点 X 轴和 Y 轴方向整体位移情况。三条曲线对应三个时间段测量结果,曲线由上至下对应各测斜仪距离地表距离。计算累积位移时,以最下方测斜仪为基础零点,将图 3.1.20 所示的各测斜仪位移结果由下至上累积得到完整曲线。

3.1.3 无线倾角仪研制及工程化验证

随着智慧水利建设的迫切需求,水利水电工程对倾角监测的实时性和稳定性提出了日益严格的要求,传感器的通信传输、供电方式和自我预警功能面临着新的挑战。因此,迫切需要开发新的智能传感器和方法,以满足工程实践的需求。然而,在工程应用中,倾角仪的通信传输、供电方式和主动预警功能等方面仍存在一些问题需要解决。为了应对这些挑战,本书提出新一代技术如 MEMS 和窄带蜂窝物联网(narrow band-internet of things,NB-IoT)与传统技术相结合,应用于倾角监测场景,以提高监测设备的智能化程度,丰富监测数据的通信方式,提高传感器在不同应用场景下的适应性。特别是在倾角仪的功耗管理和预警能力方面,全面提升了智能感知和安全监测管理水平。

1. 结构优化设计

本书提出一种采用 NB-IoT 无线通信方式的低功耗倾角监测系统,解决传统人工倾角监测存在的实时性和预警时效性不足的问题。倾角仪集成了锂电池、倾角传感器、加速度传感器和 NB-IoT 通信模块。通过振动主动触发和定时采集的双模式,成功降低倾角仪的功耗,待机电流不超过 10 μA,实现了长时间监测的能力。倾角数据通过 NB-IoT 通信模块实时上传至物联网平台/数据云平台系统,实现远程监测和及时预警功能。系统具备互联互通的能力,具有广泛的应用价值和推广前景(图 3.1.21)。

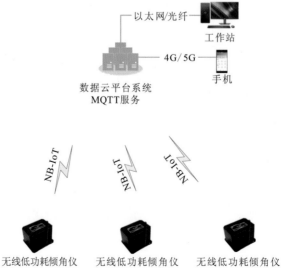

图 3.1.21　基于 NB-IoT 的无线低功耗倾角监测系统示意图

无线低功耗倾角仪具备倾角和振动采集、数据存储和无线数据发送的功能。它能够准确测量倾角，并采集与倾角相关的振动数据。倾角仪通过内置的存储器记录采集到的数据，并通过无线通信模块将数据发送至数据云平台。物联网平台包含 MQTT 服务系统和监测数据系统，部署于云服务器或水利工程的本地服务器。系统将接收倾角仪发送的数据，并对数据进行处理和存储，同时负责管理和展示监测数据，共同实现监测预警功能，在发现异常情况时及时向工作人员发送预警信息。

无线低功耗倾角仪硬件主要包括主控模块、传感器模块、通信模块和电源管理模块四个部分（图 3.1.22）。

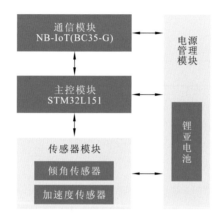

图 3.1.22　无线低功耗倾角仪模块关系示意图

主控模块由 STM32L151 微控制器及其周边电路组成，负责协调通信模块、传感器模块和电源管理模块之间的控制流程。传感器模块包括倾角传感器和加速度传感器，与主控模块进行双向连接，用于实时获取倾角和振动数据。通信模块主要由 NB-IoT 芯片 BC35-G 及其外围电路组成[30]，与主控模块进行双向通信，通过 MQTT 协议将数据发送给 MQTT 服务系统，实现数据的发布和订阅。电源管理模块由充电管理升压模块、开关电路单元和锂亚电池组成，主要负责为主控模块、通信模块和传感器模块稳定供电。

通过以上硬件模块的协同工作，无线低功耗倾角仪能够实现倾角和振动数据的采集、传输和存储，为倾角监测系统提供可靠的数据支持。

2. 低功耗设计

无线倾角仪需应用于无外部供电、长期使用内置电池供电的场景。为此，选用锂电池作为电源，其持续输出电压为 3.6 V。而 STM32L1 系列单片机的工作电压范围在 1.65～3.6 V，无须进行降压处理，可以直接使用，避免了使用 LDO 降压芯片所带来的功耗，从而大幅降低仪器在休眠状态下的静态功耗，延长电池的使用时间。

对于测量电路部分，包括 ADC 采集芯片、高精度的电压基准和倾角传感器等，这些芯片的工作电压均高于 3.6 V，达到了 5 V。为满足其工作条件，需要对电池进行升压处理。升压电路采用 DC-DC 方式实现，并在测量完成后立即关闭，以降低功耗。在满足系统工作要求的情况下，能够最大限度地降低功耗，延长电池的使用时间，提高仪器的可靠性和稳定性。

采用高精度台式万用表测量进行功耗测试，电能消耗如表 3.1.5 所示，在 60 min 采集一次，未超阈值 8 h 发送一次的情况下，1 节 18 000 mAh 锂亚电池可使用 1 127 天（约 3 年）。

表 3.1.5　倾角仪电能计算表

时段	电流/mA	日工作时间/s	日平均电能/(mAh)
待机	0.007	85 992	0.17
发送	150.00	360	15.00
采集	60.00	48	0.80
合计	210.07	86 400	15.97

如果降低采集频次，依靠加速度传感器的振动进行触发采集，那么电池的使用时间可以进一步延长。具体的延长时间取决于触发采集的频率和振动情况，因此无法提供具体的数字。但是，通过降低采集频次，可以大大延长倾角仪的使用时间，以适应长期无外部供电的场景。

需要注意的是，这些估算结果是基于理论条件和假设，实际情况可能受到多种因素的影响，如电池的实际容量、温度、环境条件等。因此，在实际应用中，建议进行实际测试和验证以确定电池的使用时间和性能。

3. 实时交互及异常智能识别机制

在正常情况下，倾角仪通电后，首先进行传感器和通信模块的初始化，并读取定时策略。然后进入低功耗休眠模式，通过内部的 RTC 来唤醒休眠的主控模块。主控模块在唤醒后启动高精度倾角传感器来获取当前的角度，并通过内部温度传感器获取当前的温度。温度值用于对角度数据进行温度补偿，并将测量数据保存到主控模块内部的存储空间中。

如果测量得到的角度值未超过设定的加速度阈值，系统将转入休眠状态等待下次唤醒。如果角度值超过了设定的阈值，系统将启动 NB-IoT 通讯模块，通过 MQTT 协议将数据发送至监测中心。

在休眠状态下，如果发生外部振动，处于休眠状态的 LIS3DH 传感器会自动检测到加速度值的变化做出自适应反应。当加速度值超过预先设定的阈值时，通过中断触发引脚唤醒主控模块，与 RTC 唤醒类似。此时系统会开始进行角度和温度的测量，并上报振动和倾角的预警信息。

通过这种测量模式，系统能够显著降低运行功耗，延长电池的使用时间。同时也能够满足外部突发情况的动态唤醒测量需求，提高系统的响应速度。异常预警时间可以从分钟级提高到秒级。嵌入式软件流程图如图 3.1.23 所示。

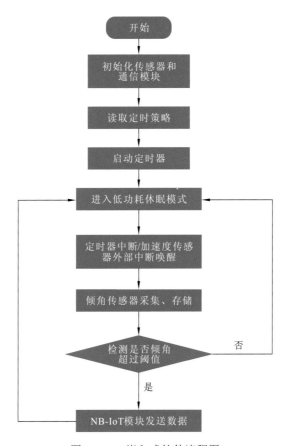

图 3.1.23　嵌入式软件流程图

本设计采用无线低功耗倾角仪的加速度传感器来动态感知振动变化，从而触发倾角传感器进行高精度倾斜监测。通过利用 NB-IoT 无线通信网络，实时将监测数据发送至物联网平台，有效提高了监测感知和预警速度。在正常情况下，倾角仪处于低功耗待机状态，仅为加速度传感器提供电源供给。当出现振动和角度变化的危险情况时，加速度传感器会传送触发信号，唤醒主控模块、倾角传感器和通信模块，从而进行高精度的倾角采集。这种工作方式能够有效降低设备的待机功耗，同时减少危险情况的上报时间，使预警信息得以更加及时地传达。

通过以上的系统设计和工作方式，实现了倾角监测的自动化和实时化。倾角仪的低功耗待机状态和振动触发机制相结合，使系统能够长时间运行，且在危险情况下能够快速响应和采集准确的倾角数据。通过 NB-IoT 无线通信网络，数据能够迅速传输至数据云平台，管理人员能够随时远程访问监测数据和接收预警信息，为工程安全提供重要技术保障。

通过配置 STM32L1 单片机的多个通用异步收发传输器（universal asynchronous receiver/transmitter，UART）串行接口，无线倾角仪实现了无线远程传输和有线本地配置的功能。其中一个串口被配置为 NB-IoT 无线通信接口，用于实现倾角仪数据的无线远程传输。NB-IoT 是一种低功耗广域网络（low-power wide-area network，LPWAN）技术，它提供了广覆盖、低功耗和较高的数据传输效率。通过配置串口与 NB-IoT 芯片进行通信，倾角仪可以将采集到的倾角和振动数据实时传输到数据云平台，实现远程监测和预警功能。另一个串口被配置为 USB 有线通信接口，主要用于在现场对倾角仪进行配置和调试。这个接口可以连接到计算机或其他配置设备上，通过有线连接与倾角仪进行数据交互。在初次安装调试阶段尤为重要，可以通过该接口进行设备的初始化设置、参数配置和故障排查等操作。

通过配置两个不同功能的串口接口，倾角仪实现了无线远程传输和有线本地配置的功能，具有灵活性和便利性，以满足不同应用场景下的需求。

4. 工程验证

白鹤滩水电站是金沙江下游干流河段梯级开发的第二个梯级电站，白鹤滩水电站建成后，仅次于三峡水电站成为中国第二大水电站。目前，白鹤滩水电站大部分近坝区边坡的变形已经收敛。考虑到现场条件和监测预警的需求，选择在下红岩堆积体边坡部署 3 套倾角仪，用于监测和预警边坡发生崩塌的前兆。

2022 年 1 月完成安装和调试后，这些倾角仪已接入监测数据平台，实现了自动化的监测数据采集。数据测试频次为每天 24 次，其中包括了三套倾角仪（QJY-8、QJY-9、QJY-10）在 2021 年 12 月～2022 年 3 月期间的数据。相关的统计分析结果及安装效果见图 3.1.24、图 3.1.25 所示。

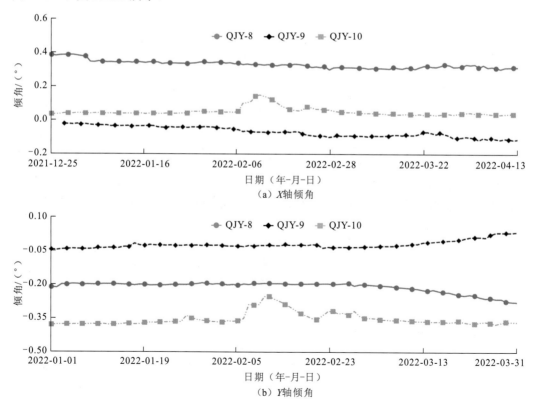

（a）X 轴倾角

（b）Y 轴倾角

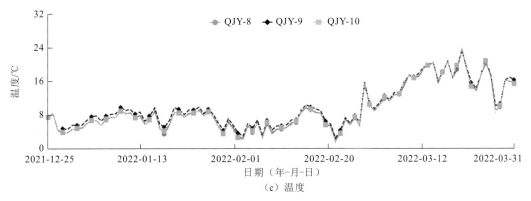

（c）温度

图 3.1.24　白鹤滩红岩堆积体边坡倾角仪数据展示

图 3.1.25　下红岩堆积体倾角仪安装效果

QJY-8 测点的 X 轴倾角数据范围为-0.144°～-0.024°，Y 轴倾角数据范围为-0.047°～0.037°。这表明在 X 轴和 Y 轴方向上，测点的倾角变化较小，整体上呈现相对稳定的状态。

QJY-9 测点的 X 轴倾角数据范围为 0.258°～0.382°，Y 轴倾角数据范围为-0.301°～-0.191°。可以观察到在 X 轴和 Y 轴方向上，测点的倾角变化相对较大，可能存在一定程度的不稳定性。

QJY-10 测点的 X 轴倾角数据范围为 0.013°～0.154°，Y 轴倾角数据范围为-0.38°～-0.23°。在 X 轴和 Y 轴方向上，测点的倾角变化相对较小，整体上呈现相对稳定的状态（表 3.1.6）。

表 3.1.6　倾角仪数据统计表

测点	最大值/(°)	最小值/(°)	平均值/(°)	标准差/(°)	方差/(°)^2
QJY-8 X	-0.024	-0.144	-0.074	0.027	0.001
QJY-8 Y	0.037	-0.047	-0.019	0.019	0.000

续表

测点	最大值/(°)	最小值/(°)	平均值/(°)	标准差/(°)	方差/(°)²
QJY-9 X	0.382	0.258	0.319	0.022	0.000
QJY-9 Y	-0.191	-0.301	-0.216	0.024	0.001
QJY-10 X	0.154	0.013	0.051	0.030	0.001
QJY-10 Y	-0.230	-0.380	-0.346	0.032	0.001

对于所有测点和方向的倾角数据，标准差值较小，说明数据的离散程度较小，倾角数据相对稳定。

试验结果表明，倾角数据显示白鹤滩水电站边坡整体上表现稳定，但在特定测点和方向上可能存在一定程度的倾斜变化。这些数据为评估边坡的稳定性和监测潜在的崩塌前兆提供了重要的信息，但仍需要进一步地监测和分析来综合评估边坡的安全性。

考虑到白鹤滩水电站现场边坡比较稳定，采用人为方法敲击倾角传感器，触发加速度传感器中断并主动报送数据，数据进入监测数据平台并进行振动预警时间为 10 s，相比每小时的报送方式，提高了险情的预警效率，使监测人员能够更及时地采取措施来应对潜在的安全风险。同时，结合振动预警数据和倾角传感器数据，可以更全面地评估边坡的稳定性，提供更准确的预警信息。

该倾角仪在白鹤滩水电站边坡监测中的应用取得了良好的效果。通过倾角仪的高精度智能化数据采集，可以实时监测水电站管理区地形演变情况，并全天候地监测边坡地质灾害情况。借助 NB-IoT 无线通信技术，倾角仪能够将数据传输到监测数据平台，实现远程监测和数据管理。该倾角仪的优势在于其精度高、成本低、集成度高，并且具备低功耗特性。借助加速度传感器的振动异常触发机制，预警时间缩短，系统功耗降低，使其在工程应用中具有较广泛的适用性。基于 NB-IoT 的无线低功耗倾角仪在边坡变形监测领域具有重要的应用价值，能够提供高精度、实时的监测数据，为地质灾害的预防和管理提供有力支持。

3.2　基于线阵 CCD 传感器的新型感知技术及设备研制

目前大坝水平位移自动化监测主要使用引张线法、真空激光准直法及垂线法。尽管线阵 CCD 引张线仪及垂线坐标仪已在大坝工程实践中广泛应用，可仪器存在不支持现场配置、现场实时数据读取等不足，且无直接远程交互功能，需要接入其他采集装置或转接设备才能进行远程通信。本节提出的智能式线阵 CCD 引张线仪和垂线坐标仪运用微处理器及通信接口，不需要接入其他采集设备，可直接接入软件系统，解决了仪器集成复杂、传统通信方式不稳定等问题；并运用仪器蓝牙通信功能和开发的智能手机 APP，解决了现场参数配置、实时采集显示等问题；提出了一种反馈式自适应调光技术，提高了仪器的自适应性和稳定性。

3.2.1 垂线坐标仪的研制及工程化验证

智能线阵 CCD 垂线坐标仪运用微处理器及多个功能模块，实现了光源自动调节、线阵 CCD 信号采集、信号处理、数据存储和通信交互的一体化设计，仪器智能化程度高，改变了传统监测仪器需与专用采集单元配合使用的烦琐，便于快速集成到监测自动化系统[31]（图 3.2.1）。

图 3.2.1 基于线阵 CCD 的垂线坐标仪实物图

仪器利用投影原理，通过平行光照射将垂线在相互垂直的两个线阵 CCD 器件上各自产生一个投影，依据线阵 CCD 器件不同像素点感光度的差异性，通过对应像素点输出值的不同判断垂线被遮挡的像素点，确定阴影的位置值。

光路投影原理虽已应用于市面上大多数线阵 CCD 引张线仪和垂线坐标仪，但本书在原有技术的基础上，提出了一种反馈式自动调节光照强度的方法，可显著提升光源的自适应性，提高采集数据的稳定性，垂线坐标仪的光路和结构原理分别如图 3.2.2、图 3.2.3 所示。

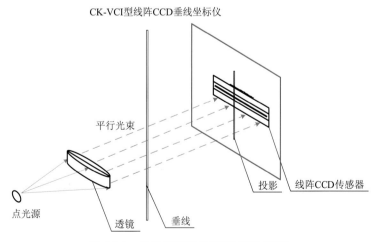

图 3.2.2 垂线坐标仪的光路原理示意图

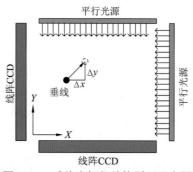

图 3.2.3 垂线坐标仪结构原理示意图

由于工程应用环境湿度较高，仪器采用密封防潮结构进行封装，包括电源板、主控板、LED 显示板，以及 X 轴和 Y 轴分别对应的点光源板、透镜板、线阵 CCD 采集板。点光源板的光源位于透镜的焦点处，光线通过菲涅尔透镜后形成平行光，照射到垂线上后再照到线阵 CCD 上，依据线阵 CCD 所有像素点的输出电压进行滤波、阈值设置、区间判断等，计算垂线在单轴上的水平位置，两个轴的原理一致。

根据计算垂线在两个轴的投影位置具体值，定位垂线的平面坐标 (x,y)，将垂线坐标仪安装完毕的首次测值 (x_0, y_0) 作为初始测值，当垂线坐标仪所在测点观测墩相对于垂线变化时，垂线坐标仪的测值将发生变化，变化后的测值为 (x_i, y_i)，变化量 Δx 和 Δy 为该测点观测墩相对垂线的位移变化量。

$$\Delta x = k_x(x_i - x_0) \tag{3.2.1}$$
$$\Delta y = k_y(y_i - y_0) \tag{3.2.2}$$

式中：k_x、k_y 为位置关系系数，为 1 或者-1。k_x、k_y 的取值及每个测点的绝对位移量，将根据正垂、倒垂的类型和垂线坐标仪的安装位置确定。

1. 结构优化设计

线阵 CCD 信号采集及处理由主控板配合光源产生、光源控制、CCD 采集等电路共同完成。主控板是仪器的核心，其他电路板的控制均由主控板输出的控制信号进行控制及交互，主控板的电路示意如图 3.2.4 所示。主控板包括微处理器、Flash 芯片、RTC 芯片、温湿度传感器、蓝牙通信模块、以太网通信模块、电源管理模块、X 轴线阵 CCD 采集控制接口、Y 轴线阵 CCD 采集控制接口、X 轴点光源控制接口、Y 轴点光源控制接口、LED 显示控制接口。

微处理器芯片选用的是 32 位的 STM32F407VET6，为采集装置提供了卓越的计算性能和先进的响应中断的能力。选用的线阵 CCD 是高速扫描、线性阵列的图像传感器，2 592 个像素点对应 54.9 mm 的扫描长度。

主控板的微处理器运用 SPI 与线阵 CCD 模块进行交互，按照模块的控制时序输出相应的时钟和控制信号，按照模块的时序要求，线阵 CCD 采集模块会输出固定时间长度且一定范围内的电压，微处理器通过内置的 ADC 按时序进行采集，每个时钟输出的电压对应的是线阵 CCD 每个像素点的感光值，垂线会遮挡一部分平行光，有一部分像素

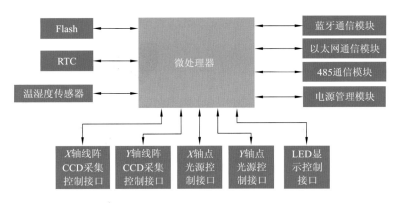

图 3.2.4　垂线坐标仪电路示意图

点的受光照强度程度较弱，对应采集值也偏小。

由于光路的散射和折射原理，被遮挡的采集值并不是根据垂线直径大小推算的理想数据，需将数据进行滤波及算法处理后，才可定位垂线的位置。

2. 实时通信组网技术

智能线阵 CCD 垂线坐标仪具有以太网、RS485、蓝牙三种交互方式，RS485 为市面上垂线坐标仪常用的通信方式。

1）以太网通信

微处理器通过 SPI 与以太网控制器交互实现以太网通信，硬件结构图如图 3.2.5 所示，MAC 模块实现符合 IEEE 802.3 标准的 MAC 逻辑，物理层（physical layer，PHY）模块对双绞线上的模拟数据进行编码和译码，网络变压器起到隔离和增强信号强度的作用。每台仪器均有一个独立的 IP 地址，微处理器将采集的数据通过以太网的方式进行远程传输，可自由组网使用，也可直接接入软件系统。

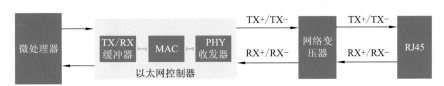

图 3.2.5　以太网通信模块硬件结构图

仪器通过 TCP/IP 以太网通讯方式组网时，其网络连接如图 3.2.6 所示，连接时可以使用带屏蔽的电缆或通信光纤，以防止电磁干扰。使用 TCP/IP 以太网通讯方式连接组网时，需选择路由器或光纤交换机等集线装置。

2）蓝牙通信及手机 APP 设计

微处理器通过晶体管–晶体管逻辑（transistor-transistor logic，TTL）电平的通用异步接收发送设备（universal asynchronous receiver/transmitter，UART）接口与蓝牙通信模块交互，运用 BLE4.2 的通信协议与手机通信。本书提出的手机 APP，可现场配置仪器的

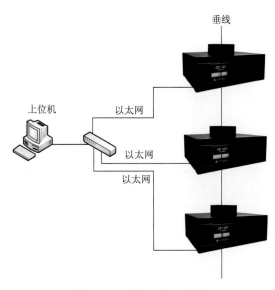

图 3.2.6　以太网组网通信

通信、运行等参数，并实现实时采集垂线数据、查看历史数据等功能。仪器连接后的参数设置主要包括设备类型、通信方式、采集模式、间隔时长、线的外径、设备对时、数据管理选项等，如图 3.2.7 所示。

（a）仪器配置界面

（b）仪器历史数据展示

（c）实时数据采集

图 3.2.7　手机 APP 界面

设备读取成功后，除设备基本信息外，还会实时显示设备所处环境的温湿度情况。查看历史数据时，X、Y 两个测值表示垂线坐标仪两个方向的位移变化量，可根据起始时间选择对应时间段的数据进行查看。

3. 试验验证

测量试验前先按照书中提出的反馈式自适应调光方法进行光源调节，将光源调到合适亮度后，再进行垂线采集。无须每次采集都进行调光，调光一般是在出厂前，以及每年的仪器维护时进行[32]。

本次试验采用直径为 1.6 mm 钢丝作为垂线,根据本文选用的线阵 CCD 模块的特性,2 592 个像素点对应 54.9 mm 的测量范围。按照平行光照射物体产生阴影的理论，从理想状态来看，直径 1.6 mm 钢钢丝应遮挡 76 个像素点的光线。但由于点光源是球形 LED 灯，无法使初射光线仅从焦点处射出，无法实现理想状态下的平行光，同时由于光散射及折射的影响，两个轴的线阵 CCD 采集的实际值与理想值存在差异。

将垂线随机放置于本书提出的垂线坐标仪的测量区域内，X 轴和 Y 轴是水平面上两个相互垂直的方向，两个方向的线阵 CCD 采集到的测量数据分别如图 3.2.8 和图 3.2.9 所示。

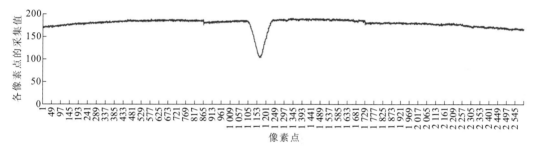

图 3.2.8　X 轴线阵 CCD 模块采集值

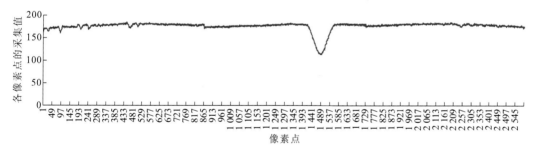

图 3.2.9　Y 轴线阵 CCD 模块采集值

从测量结果看,X轴线阵CCD模块从像素点1 257采集值开始逐渐减小,像素点1 390采集值逐渐恢复,从采集值可以定位垂线在 X 方向的位置。当垂线沿 X 方向移动时，阴影范围会偏移，采集值会发生变化，本书运用微处理器实现采集值滤波，滤除非阴影处的毛刺电压，通过所有电压值与阴影处电压值的对比确定阈值，运用阈值确定阴影范围后计算特征值定位垂线在 X 方向的位置。垂线的测量范围确定为 50 mm，定义的 0 mm 起始点并非是有效长度为 54.9 mm 的线阵 CCD 的起始点，起始点会根据测量范围进行偏移，本次垂线 X 轴的计算后的输出值为 25.71 mm，即 X 轴的坐标值。

从测量结果看,Y轴线阵 CCD 模块从像素点 1 730 采集值开始逐渐减小,像素点 1 890 采集值逐渐恢复,从采集值可以定位垂线在 Y 方向的位置,当垂线沿 Y 方向移动时,阴影范围会偏移,采集值会发生变化,Y 轴同样运用微处理器实现采集值滤波、阈值判断、特征值计算等定位垂线在 Y 方向的位置,本次垂线 Y 轴的输出值为 36.07 mm,即 Y 轴的坐标值。

由于 X 轴和 Y 轴并非理想平行光输出,初始测值并不能直接用于最终测值输出。试验时会对光路进行微调,但由于 LED 灯本身的光路特性,光源并非位于透镜焦点处的点光源,无法调节成理想平行光,垂线和线阵 CCD 间的距离,对垂线在线阵 CCD 上的成像范围会有一定影响。

在平行光路不便于有限安装环境内再调节的情况下,运用校准的方式进行误差修正。将垂线坐标仪放置于水平面两个垂直方向均可移动的滑台上,滑台通过步进电机控制移动距离,采用光栅尺进行位移反馈(图 3.2.10)。校准时垂线固定不变,垂线坐标仪按照 3～5 mm 位移间隔依次进行两个方向的平移和每个定位点的初始测量,所有测值按照最小二乘法进行校准后得到校准参数,使用手机 APP 将校准参数写入仪器,再次测量时垂线坐标仪依据校准参数计算后输出位移值,测量结果满足仪器精度要求,具体的正交误差校准方法见下一小节。

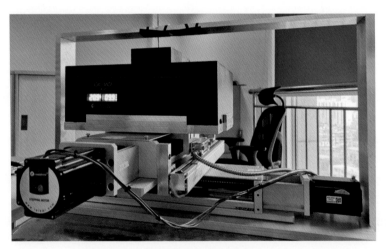

图 3.2.10   垂线坐标仪自动校准平台

4. 正交误差修正及校准方法

1）光电式垂线坐标仪测量分析

光电式垂线坐标仪的工作原理是点光源通过透镜产生平行光束,经垂线遮挡形成不同强度的光照射到线阵 CCD 表面[33],线阵 CCD 光敏单元的光电转换功能将投射到光敏单元上的光学图像转换成电信号"像点",即将光强的空间分布转换为与光强成比例的、大小不等的电荷空间分布,形成一系列幅值不等的时序脉冲序列,通过解算脉冲序列幅值分布定位垂线阴影范围,从而定位垂线在水平测量范围内的二维坐标。

　　仪器的平行光是通过点光源经过菲涅尔透镜形成的，平行光的准直度及照射到线阵 CCD 模块上的光照强度均与理想值有一定的偏差，以研制的垂线坐标仪采集的一组线阵 CCD 数据为例，如图 3.2.11 所示，运用 AD 芯片采集线阵 CCD 的时序脉冲序列，解算后得到的各像素点幅值在一定范围内变化，X 轴的幅值变化范围为 10.55%，Y 轴幅值变化范围为 9.38%。从测量数据可以看出，仪器输出的平行光并非理想条件下的强度均匀，不同的平行光输出值仍存在一定的差异性，试验中通过调节 LED 串联电阻的阻值大小，对点光源的光照强度进行了调节，使垂线遮挡的阴影范围相对于其他区域更加明显。

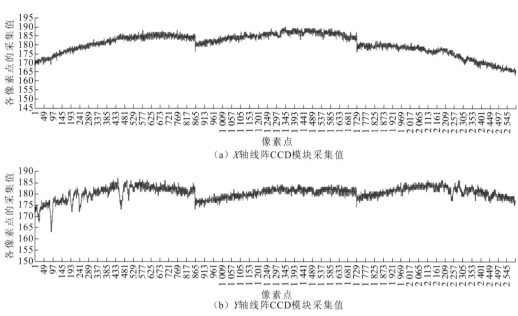

（a）X 轴线阵 CCD 模块采集值

（b）Y 轴线阵 CCD 模块采集值

图 3.2.11　线阵 CCD 模块采集值（无垂线）曲线图

　　将直径 1.2 mm 垂线放置于测量范围内的任意位置，同样解算得到脉冲序列的幅值，如图 3.2.12 所示，从测量数据可以看出，垂线遮挡的阴影区域非理想条件下的方形波，由于光路的散射及反射，遮挡的阴影区域的边缘呈现逐步变化。

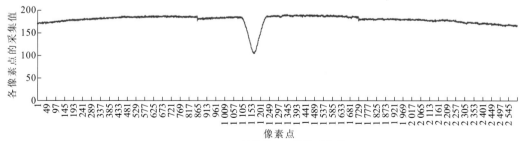

（a）X 轴线阵 CCD 模块采集值

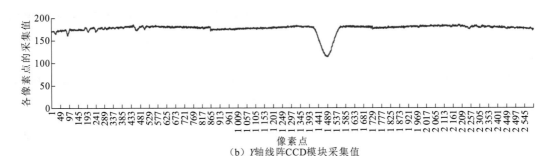

（b）Y轴线阵CCD模块采集值

图 3.2.12　线阵 CCD 模块采集值（有垂线）曲线图

垂线坐标仪通过滤波及阈值设定等方式，将垂线的阴影区域以位移值的形式输出，按照超阈值、定位特征点等方法计算，图 3.2.12 所示的图形得到的 X 轴位移值为 22.59 mm，Y 轴位移值为 29.45 mm。

按照常规的检测方法，分别按照一个测试方向移动垂线坐标仪，在量程范围内进行选点测量，测量过程中另一个测量方向未发生移动。以单次测量为例，测点的图形如图 3.2.13 所示。采用此方法检测时，并不能覆盖两个测量方向的量程范围，使测量结果存在局限性。

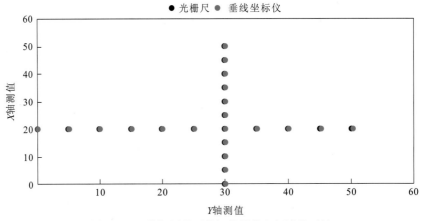

图 3.2.13　常规测量下的初始测值与标准值对比

2）光电式垂线坐标仪正交误差分析

通过自动测量平台对 X/Y 的初始测值进行测量，自动测量平台通过两个垂直安装的光栅尺进行定位输出，自动测量平台已通过检测机构长度示数和正交性的校准，作为垂线坐标仪的测量标准。自动测量平台是将垂线悬挂固定，垂线坐标仪放置在测量平台上移动，自动测量平台的两个测量轴通过上位机给步进电机下发指令，步进电机带动平台的轴承进行移动，将仪器移动到约定的粗调位置后，上位机将结合光栅尺的实时输出，对仪器的位置进行微调，以移动到光栅尺精度范围内的约定位置，待仪器稳定在约定位置后，仪器将输出此时的测量值，即 X/Y 的测值。

自动测量时，垂线坐标仪的两个轴依次按照测量量程 50 mm 的范围，以固定值为测量间距进行移动,两个轴的测量值如图 3.2.14 所示。黑色圆点为自动测量平台标准轴输出值,绿色圆点为垂线坐标仪的测量值,从图 3.2.14 可以看出,垂线坐标仪的测量值与光栅尺的输出值存在一定偏差,且当自动测量平台仅沿其中一个轴平移时,垂线坐标仪另一个轴的实时位移测量值同样会发生变化。

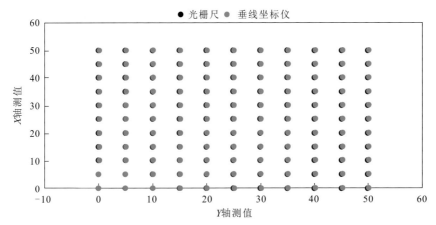

图 3.2.14　垂线坐标仪初始测值与标准值对比

按照仪器测量指标要求,应满足分辨力≤0.02 mm,基本误差≤0.5%FS,不重复度≤0.1%FS,分别计算出 X 轴和 Y 轴的分辨力、基本误差和不重复度三个技术指标,X 轴校准前检测结果如表 3.2.1 所示。

表 3.2.1　仪器 X 轴校准前检测结果

技术指标	检测结果	规范要求[34]	检测结论
分辨力 r_x	0.01 mm	≤0.02 mm	满足
基本误差 δ_x	0.70%FS	≤0.5%FS	不满足
不重复度 R_x	0.42%FS	≤0.1%FS	不满足

Y 轴校准前检测结果如表 3.2.2 所示。

表 3.2.2　仪器 Y 轴校准前检测结果

技术指标	检测结果	规范要求[34]	检测结论
分辨力 r_y	0.01 mm	≤0.02 mm	满足
基本误差 δ_y	0.42%FS	≤0.5%FS	满足
不重复度 R_y	0.34%FS	≤0.1%FS	不满足

初始测量在未经过校准的情况下,不能满足测量的技术要求,需要对初始测值进行校准。测量仪器通常对测值进行一元线性校准,但通过一元线性校准得到的结果,仪器的基本误差和不重复度仍不能满足规范要求。

线阵 CCD 垂线坐标仪的测量目的是为坝体两个正交方向的水平位移监测提供准确可

靠的测量数据，若仪器两个测量方向之间夹角偏离90°较大，将会造成测量结果的误差。

就理论层面而言，线阵CCD垂线坐标仪的两个测量方向满足90°要求时仪器可避免此类误差产生，但从仪器安装工艺考虑，两个测量方向的平行光束、线阵CCD接收面很难满足90°要求，且仪器内部的平行光束及线阵CCD接收面是否安装满足正交要求无直接、有效的验证方法。其次，从仪器内部构成来看，"点光源"非真正意义上的单点光源，受光源发散角度、光照强度及选用透镜性能等因素影响，使线阵CCD的测量结果产生误差。

由上述分析可以看出，对线阵CCD水平位移监测而言，无论从其内部安装结构，还是从其涉及的光学器件特性来看，所造成的正交误差在物理层面难以消除。两个位移测量方向无法保证刚好正交，由图3.2.15可以看出，若直接由线阵CCD模块的阴影范围定位得到的测量结果，测量结果将与标准坐标系 X/Y 存在一定的偏差。实际测量的结果为 X' 和 Y' 两个偏移坐标轴的测量值。

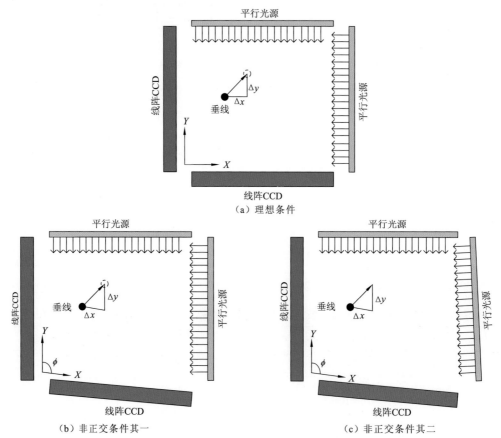

图 3.2.15 垂线测量点的水平截面图

ϕ 表示两个测量方向非正交时的夹角

由于非正交误差的存在，此位移值不能作为仪器的 Y 轴测值直接输出。同时由于线阵CCD仪器在工程上的精度需求高，仪器的精度指标需要达到规范要求的 2 倍以上，如何提高仪器在标准 X/Y 轴的测量精度是研究的重点。

由于线阵 CCD 仪器安装角度具有多种可能性，对每种情况进行角度误差补偿的方式不适用于大批量生产，本书拟从初始测量的数据出发，以数据校准的方式进行正交误差修正，这样可对安装完的仪器进行测量修正，极大地提高出厂效率。

3）数据校准方法分析

为了确定仪器误差修正的最优方法，本书对多种校准方法进行分析。

（1）一元线性校准。本书对 X 和 Y 轴分别建立线性曲线，建立线性校准的模型如下所示[35]。

$$\widetilde{V}_x = k_x V_x + c_x \tag{3.2.3}$$

$$\widetilde{V}_y = k_y V_y + c_y \tag{3.2.4}$$

式中：$\widetilde{V}_x$，$\widetilde{V}_y$ 为校准后的计算值；V_x 和 V_y 为初始测量值；k_x、c_x 和 k_y、c_y 分别为 X 轴和 Y 轴的校准参数。

校准过程中，采用网格的方法，垂线坐标仪的两个轴依次按照测量量程 50 mm 的范围，以 5 mm 为测量间距进行移动，可以得到光栅尺标定值和垂线坐标仪测量值的两组数据，按照最小二乘法对测值进行线性校准，可得到对应参数。

将此参数写入垂线坐标仪固件，将原始测值计算后输出，经过试验发现，校准后的计算值仍存在较大偏差，校准时发现当 X 轴不移动，Y 轴移动范围较大时，X 轴的测量值的偏差将大于仪器允许精度，反之亦然。

（2）多元线性校准。由于两个测值的相关性，若仅采用单个轴的线性/非线性校准并不能满足精度要求，本书对 X 和 Y 轴分别建立相互联系的多元线性曲线，建立线性校准的模型如下所示。

$$\widetilde{V}_x = a_1 V_x + b_1 V_y + c_1 \tag{3.2.5}$$

$$\widetilde{V}_y = a_2 V_x + b_2 V_y + c_2 \tag{3.2.6}$$

式中：$\widetilde{V}_x$，$\widetilde{V}_y$ 为校准后的计算值；V_x 和 V_y 为初始测量值；a_1、b_1、c_1 和 a_2、b_2、c_2 分别为 X 轴和 Y 轴对应的校准参数。

校准过程中，同样采用网格测量的方法得到光栅尺标定值和垂线坐标仪测量值的两组数据，按照回归分析的方式，得到对应的校准参数。但校准后的计算值仍存在一定的偏差，尽管精度较线性校准的方式已经有所提高，仍不能满足仪器精度要求。

（3）多元非线性校准。为了进一步提高仪器精度，修正仪器的正交误差，本书拟采用多元非线性校准，建立的非线性校准模型如下所示。

$$\widetilde{V}_x = c_1 + a_1 \times V_x + b_1 \times V_y + d_1 \times V_x^2 + e_1 \times V_y^2 + f_1 \times V_x V_y \tag{3.2.7}$$

$$\widetilde{V}_y = c_2 + a_2 \times V_x + b_2 \times V_y + d_2 \times V_x^2 + e_2 \times V_y^2 + f_2 \times V_x V_y \tag{3.2.8}$$

式中：$\widetilde{V}_x$，$\widetilde{V}_y$ 为校准后的计算值；V_x 和 V_y 为初始测量值；a_1、b_1、c_1、d_1、e_1、f_1 和 a_2、b_2、c_2、d_2、e_2、f_2 分别为 X 轴和 Y 轴对应的校准参数。通过试验验证，本校准方法能将两个测量轴的正交误差修正到精度范围内，具体的修正流程及校准计算方法在下一小节中详细介绍。

4）线阵 CCD 垂线坐标仪误差修正方法

通过测试和试验验证,确定了一种有效的正交误差修正方法,具体步骤如下(图 3.2.16)。

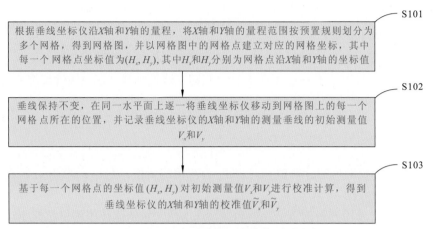

根据垂线坐标仪沿X轴和Y轴的量程,将X轴和Y轴的量程范围按预置规则划分为多个网格,得到网格图,并以网格图中的网格点建立对应的网格坐标,其中每一个网格点坐标值为(H_x, H_y),其中H_x和H_y分别为网格点沿X轴和Y轴的坐标值 — S101

垂线保持不变,在同一水平面上逐一将垂线坐标仪移动到网格图上的每一个网格点所在的位置,并记录垂线坐标仪的X轴和Y轴的测量垂线的初始测量值V_x和V_y — S102

基于每一个网格点的坐标值(H_x, H_y)对初始测量值V_x和V_y进行校准计算,得到垂线坐标仪的X轴和Y轴的校准值$\widetilde{V}_x$和$\widetilde{V}_y$ — S103

图 3.2.16　垂线坐标仪误差修正流程

步骤 S101:根据垂线坐标仪沿 X 轴和 Y 轴的量程,将 X 轴和 Y 轴的量程范围按预置规则划分为多个网格,得到网格图(如图 3.2.17 所示),并以网格图中的网格点建立对应的网格坐标,其中每一个网格点坐标值为(H_x, H_y),其中 H_x 和 H_y 分别为网格点沿 X 轴和 Y 轴的坐标值。后面步骤以这个标准的网格图对垂线坐标仪进行校准处理。需要说明的是,X 轴和 Y 轴是水平面上正交的两个方向轴。

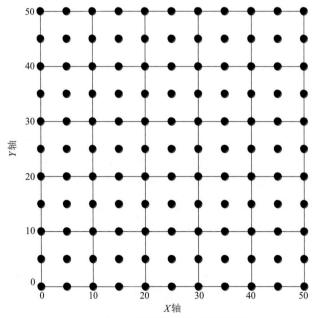

图 3.2.17　垂线测量点的水平截面图

通过将 X 轴和 Y 轴的量程范围按照等间距进行划分为多个网格,如此建立的网格图中网格点将会变成等间距阵列,可以在同一水平面上逐一将垂线坐标仪移动到网格图上的每一个网格点所在的位置上，并且可以一定程度上简化后期进行回归分析和拟合处理的运算量。当然，也可以采用其他不同的划分规则，将 X 轴和 Y 轴的测量点划分为有一定偏差的间距网格同样适用。

步骤 S102：垂线保持不变，在同一水平面上逐一将垂线坐标仪移动到网格图上的每一个网格点所在的位置，并记录垂线坐标仪的 X 轴和 Y 轴的测量垂线的初始测量值 V_x 和 V_y。

将 V_x 和 V_y 与标准的网格图上的网格点坐标值 (H_x, H_y) 进行分析对比，则可以了解到初始测量值 V_x 和 V_y 的偏差情况。

步骤 S103：基于每一个网格点的坐标值 (H_x, H_y) 对初始测量值 V_x 和 V_y 进行校准计算，得到垂线坐标仪的 X 轴和 Y 轴的校准值 $\widetilde{V}_x$ 和 $\widetilde{V}_y$。

上述步骤中，通过每一个网格点的坐标值 (H_x, H_y) 对初始测量值 V_x 和 V_y 进行校准计算，可以通过校准计算找到初始测量值 V_x 和 V_y 与网格图中的标准值 H_x 和 H_y 的关系函数，利用这个关系函数与初始测量值 V_x 和 V_y 进行计算得到垂线坐标仪的 X 轴和 Y 轴的校准值 $\widetilde{V}_x$ 和 $\widetilde{V}_y$。通过此方法可以对垂线坐标仪的误差进行修正，得到符合精度要求的测值。

5）线阵 CCD 垂线坐标仪校准计算方法

基于每一个网格点的坐标值 (H_x, H_y) 对初始测量值 V_x 和 V_y 进行校准计算，得到垂线坐标仪的 X 轴和 Y 轴的校准值 $\widetilde{V}_x$ 和 $\widetilde{V}_y$ 的具体步骤如下（图 3.2.18）。

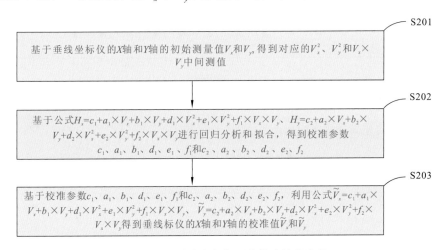

图 3.2.18　垂线坐标仪测值校准计算流程

步骤 S201：基于垂线坐标仪的 X 轴和 Y 轴的初始测量值 V_x 和 V_y，得到对应的 V_x^2、V_y^2 和 $V_x \times V_y$ 中间测值，为回归分析和拟合提供具体的原始数据支撑。

步骤 S202：基于公式 $H_x = c_1 + a_1 \times V_x + b_1 \times V_y + d_1 \times V_x^2 + e_1 \times V_y^2 + f_1 \times V_x \times V_y$，以及 $H_y = c_2 + a_2 \times V_x + b_2 \times V_y + d_2 \times V_x^2 + e_2 \times V_y^2 + f_2 \times V_x \times V_y$ 运用最小二乘法进行回归分析和拟合，得到校准参数 c_1、a_1、b_1、d_1、e_1、f_1 和 c_2、a_2、b_2、d_2、e_2、f_2。

上述步骤中，通过将网格图的每一个网格点坐标值 (H_x, H_y)，以及将垂线坐标仪移动到对应网格点所在的重垂线上时记录的初始测量值 V_x 和 V_y 带入上述公式进行回归分析和拟合,将可以得到校准参数 c_1、a_1、b_1、d_1、e_1、f_1 和 c_2、a_2、b_2、d_2、e_2、f_2。

步骤 S203:基于校准参数 c_1、a_1、b_1、d_1、e_1、f_1 和 c_2、a_2、b_2、d_2、e_2、f_2,利用公式 $\tilde{V_x} = c_1 + a_1 \times V_x + b_1 \times V_y + d_1 \times V_x^2 + e_1 \times V_y^2 + f_1 \times V_x \times V_y$,以及 $\tilde{V_y} = c_2 + a_2 \times V_x + b_2 \times V_y + d_2 \times V_x^2 + e_2 \times V_y^2 + f_2 \times V_x \times V_y$ 得到垂线坐标仪的 X 轴和 Y 轴的校准值 $\tilde{V_x}$ 和 $\tilde{V_y}$。

上述步骤中,通过校准公式将垂线坐标仪的初始测量值 V_x 和 V_y 校准变换为对应的校准值 $\tilde{V_x}$ 和 $\tilde{V_y}$,并将此校准公式写入垂线坐标仪的固件程序中,垂线坐标仪在测量时将直接输出对应的 $\tilde{V_x}$ 和 $\tilde{V_y}$,从而能够输出跟标准的网格图中的标准值 H_x 和 H_y 一致的值,完成对垂线坐标仪的误差修正,避免垂线坐标仪的两个方向的位移测量值不能完全满足正交要求,而导致垂线坐标仪的输出值误差偏大的情况,校准计算后的输出值与标准网格值对比如图 3.2.19 所示,校准后的测值与光栅尺测量的标准值已经重合。本文提出的校准方法适用于光电式垂线坐标仪在研制和出厂前的校准和测量。

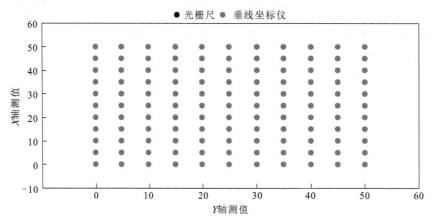

图 3.2.19 垂线坐标仪校准后测值与标准值对比

X 轴的检测结果如表 3.2.3 所示。

表 3.2.3 仪器 X 轴检测结果

技术指标	检测结果	规范要求[34]	检测结论
分辨力 r_x	0.01mm	≤0.02 mm	满足
基本误差 δ_x	0.2%FS	≤0.5%FS	满足
不重复度 R_x	0.05%FS	≤0.1%FS	满足

Y 轴的检测结果如表 3.2.4 所示。

表 3.2.4 仪器 Y 轴检测结果

技术指标	检测结果	规范要求[34]	检测结论
分辨力 r_y	0.01 mm	≤0.02 mm	满足
基本误差 δ_y	0.19%FS	≤0.5%FS	满足
不重复度 R_y	0.04%FS	≤0.1%FS	满足

光电式垂线坐标仪通过两个轴分别测量大坝上下游和左右岸方向的水平变形量，若是拱坝则是测量径向和切向水平位移量。两个轴测量的准确性对变形监测数据的可靠分析，以及对大坝潜在安全异常状况的预报预警均有着重要的基础作用。本书从光电式垂线坐标仪研制的原理出发，分析了仪器正交误差的来源，结合采集数据、结构分析和试验验证，运用最小二乘法和回归分析，提出了有效的校准计算和误差修正方法，对比常规线性校准方法提高了测值的可靠性。将此方法通过固件程序写入研制的垂线坐标仪，满足垂线坐标仪测值的实时修正及输出，为大坝水平位移监测的准确性和连续实时的远程监测提供了可靠的技术方法，同时也为垂线坐标仪的正交性检测提供了技术路径。本方法主要针对光电式垂线坐标仪进行校准分析，校准方法的适用性方面还需进一步探索和研究。

5. 工程验证

垂线坐标仪目前已应用于白鹤滩水电站、皂市水利枢纽、高生水电站、白石水电站、南漳峡口水电站等水利水电工程。以南漳峡口水电站的应用情况为例，对垂线坐标仪的功能进行验证。南漳峡口水电站位于湖北省襄阳市，为沮河干流上的控制性枢纽，枢纽工程主要由混凝土拱坝、右岸发电引水隧洞、地面厂房和开关站等组成，大坝为双曲拱坝，坝体水平位移监测采用 3 组垂线，共计 3 条倒垂、2 条正垂，11 个测点。每个测点安装了 1 台本书提出的智能线阵 CCD 垂线坐标仪，用于远程自动读取垂线的水平位移量，工程应用如图 3.2.20 所示。

图 3.2.20　南漳峡口水电站工程应用

通过研发的软件系统可实时查看每个测点的采集值和历史变化曲线，如图 3.2.21 所示，显示的是垂线坐标仪的历史过程线和历史数据。

图 3.2.21　垂线坐标仪工程应用远程软件界面

3.2.2　引张线仪的研制及工程化验证

引张线仪主要应用于大坝等水工建筑物水平位移的长期观测，目前大部分引张线仪都采用 RS485 的通信方式，将多个引张线仪通过 RS485 的方式连接，容易出现通信不稳定、易出错等情况，且现场需要通过笔记本电脑连接串口调试助手，按照引张线仪的通信协议编写通信指令才能读取采集数据，这对现场的安装及调试造成了较大不便。新研制的引张线仪采用微处理器及线阵 CCD 传感器，具有采集精度高、无电学漂移的特性。运用蓝牙通信与智能手机 APP 的配合，解决了现场参数配置、采集数据实时读取不便利的问题；运用 CAN 总线通信组网的方式，解决了传统通信方式不稳定的问题；采用防潮外壳及驱潮措施，能在水电站等潮湿环境下长期连续工作。研制的引张线仪克服了传统引张线仪的诸多缺点，构建的自动化采集系统为大坝等工程的安全运行提供技术保障。

1. 结构优化设计

设计的引张线仪自带微处理器及存储器，可自动采集及存储，具有蓝牙通信功能，可连接手机 APP，实现现场配置、实时采集、历史数据查看等功能。引张线仪采用 CAN 总线通信接口，通过通信转换设备可直接接入软件系统，具有测量精度高、无电学漂移、性能稳定等技术特点。引张线仪利用投影原理，采用光源通过透镜后形成平行光的照射方式，将引张线在线阵 CCD 传感器上产生一个投影，由于线阵 CCD 传感器不同像素点感光度的差异，对应的输出值将不同，线阵 CCD 传感器将每个像素点的光强按照相应逻辑时序以电压形式输出，输出信号经过各种数据处理后，定位引张线的位置，是一种非接触式的位移测量方法[36]（图 3.2.22）。

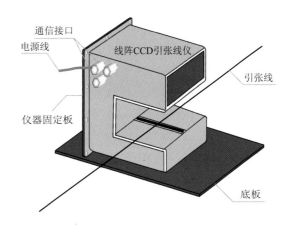

（a）仪器实物图　　　　　　　　　　　　　　（b）仪器结构示意图

图 3.2.22　线阵 CCD 引张线仪实物图及结构示意图

引张线仪可以安装在引张线准直系统测点部位的墩台或支架上。引张线法是利用两固定基准点之间拉紧的不锈钢丝作为基准线（引张线），利用此直线来测量建筑物各测点在垂直该基准线方向上的水平位移的方法，在测量时需要在一条引张线的范围内安装多个引张线仪，如图 3.2.23 所示。

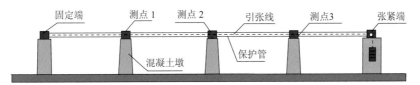

图 3.2.23　引张线的布置示意图

引张线仪需安装在测点箱内，测点箱不仅内置浮托装置及人工读数标尺，同时兼作引张线仪的保护箱。引张线仪采用密封的外壳，具有良好的防潮防湿性能，仪器中间部位向内的凹槽为引张线通道，引张线悬空于引张线通道。引张线仪由点光源板、透镜板、线阵 CCD 采集通信板组成，引张线位于透镜板与线阵 CCD 采集通信板之间。

在引张线仪的结构中，点光源板的光源位于透镜板中菲涅尔透镜的焦点处，点光源板的光源发出的光线通过菲涅尔透镜后形成平行光，照射到引张线上后再照射到线阵CCD 采集通信板中的线阵 CCD 采集模块上。引张线的遮挡位置会影响线阵 CCD 采集模块上不同像素点的采集值，根据采集值的不同，判断引张线位于哪些像素点处，根据计算后定位引张线的水平位置。

1）线阵 CCD 采集通信板设计

线阵 CCD 采集通信板实现引张线仪的控制、信号采集、电源管理、通信管理等主要功能，以微处理器为控制核心，由蓝牙通信模块、CAN 总线通信模块、线阵 CCD 采集模块、Flash 存储模块、RTC 模块、温湿度传感器模块、电源管理模块等共同组成，如图 3.2.24 所示。微处理器芯片选用的是 32 位的 STM32F407VET6，为采集装置提供了卓越的计算性能和先进的响应中断的能力，同时具有成本低，引脚的数目少、系统的功耗低等优点。

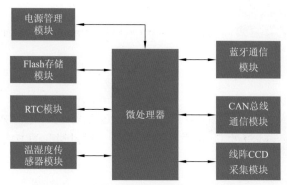

图 3.2.24　线阵 CCD 采集通信板结构示意图

微处理器没有从基础的 CCD 器件进行研发，而是选择线阵 CCD 模块，可输出 2 596个像素点对应的电压，基于微处理器编写嵌入式程序用于控制模块使能采集时序。微处理器通过引脚的时序、电平来控制线阵 CCD 采集模块的采集，采集的是一连串数据，每个数据代表每个像素点的受光程度，引张线会遮挡一部分平行光，有一部分像素点的受光照强度程度较弱，对应的采集值也较小，将数据进行滤波及算法处理后，可定位引张线的位置，当引张线相对于引张线仪水平移动时，采集的一连串数据也会变化，通过数据变化的换算，可计算出引张线相对于引张线仪水平移动的距离。

微处理器通过与蓝牙通信模块连接，可与智能终端（例如手机或平板电脑）通信，一方面通过 APP 软件现场配置引张线仪的通信参数、运行参数等，另一方面，可以通过APP 软件采集引张线仪的实时数据及查看历史数据。

微处理器通过与 CAN 总线通信模块的交互，将采集的数据通过 CAN 总线的方式进行远程传输，CAN 总线通信模块具有两组 CAN 总线通信接口，用于通信组网时级联。

Flash 存储模块通过 SPI 总线与微处理器连接，微处理器将采集的传感器数据存储到失电后数据不会丢失的 Flash 存储模块，手机 APP 及远程软件都可以进行数据读取。微处理器将引张线仪的设备信息、通信地址、配置参数等信息也存储到 Flash 存储模块，便于不同的通信设备连接时，可随时读取和操作。

RTC 模块通过 IO 口与微处理器连接，为引张线仪提供精准的时间，并提供备用电源，也就是纽扣电池，防止设备掉电时 RTC 模块停止工作。

温湿度传感器设于设备箱体内，通过 SPI 总线与微处理器连接，采集设备箱体内的温度和湿度信息，透镜板中的菲涅尔透镜如果在高湿环境下容易起雾，影响测量精度，因此透镜板上设置有加热电阻，微处理器在温湿度传感器检测设备箱体内温度和湿度信息达到阈值时，启动加热电阻对透镜板进行加热，以满足菲涅尔透镜正常工作。

2）点光源板设计

点光源板的设计关键在于点光源的选取，有两个因素需要考虑，光照强度和照射范围。LED 光过强时，CCD 模块会曝光，采集不到数据，或者出现阴影面几乎没有数据的情况；LED 光不足时，会导致整个模块采集数据都偏低的情况；LED 光不稳定时，会导致采集数据跳动较大；LED 照射范围不足时，将导致 CCD 模块边界位置采集不到可靠数据，数据跳动大。经过十几种点电源的测试与对比，选取了一款较稳定的 LED 灯，由于同批次的 LCD 存在差异，需要通过滑动电阻器调节光照强度，确保采集数据的稳定。

2. 组网通信优化设计

各引张线仪运用 CAN 总线连接，如图 3.2.25 所示，每台仪器均有一个独立的物理地址，可通过 CAN 总线组网使用，在组网末端通过 CAN 总线转以太网的模块接入软件系统，组网时利用引张线仪的 CAN 总线通信模块，通过级联的方式连接。

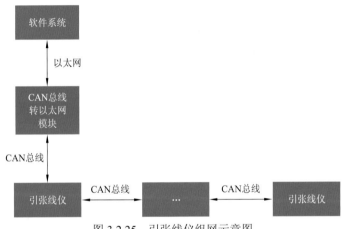

图 3.2.25　引张线仪组网示意图

CAN 总线通信模块采用 TJA1050T 芯片，TJA1050 是一款高速 CAN 收发器，最高速率可达 1 Mbit/s，抗干扰能力强，稳定性好，具有引脚保护，能有效防止瞬态干扰。将此芯片作为物理层，提供差动发送和接收，根据引张线仪的参数和采集数据特点，自定义通信协议，使用微处理器内置的 CAN 控制器进行通信控制。

3. 试验验证

本书提出一套引张线仪校准平台（图 3.2.26）用于校准和测试，引张线仪可通过研制的 APP 检查仪器是否正常运行，若远程系统没有及时连接上仪器时，可更快地确定问题所在。将引张线仪安装并通电后，通过手机 APP 来进行参数配置、实时数据读取及历史数据查看。通过设计的手机 APP 软件搜索附近的引张线仪，通常在距离采集单元 10 m 的范围内借助手机蓝牙，搜寻现场设备进行连接，连接后进行参数设置，设置选项包括设备类型、通信方式、采集模式、间隔时长、线的外径、设备对时、数据管理选项等。

引张线仪连接成功后，不仅可读取和设置仪器基本信息，读取当前的引张线位移数据及仪器当前的温度和湿度等环境量参数，还可读取仪器已储存的历史数据及展示实时数据，如图 3.2.27 所示。

图 3.2.26　引张线仪校准平台

（a）配置界面　　　　　　　　（b）历史数据查看　　　　　　　　（c）实时数据读取

图 3.2.27　手机 APP 实时交互

4. 工程验证

目前引张线仪已经在皂市水电站、江垭水电站、高生水电站、金康水电站等水利水电工程应用。以金康水电站为例，已安装的引张线仪通过通信转换模块后，与云平台系统建立连接，在云平台中添加上引张线仪的编号信息，就可以远程控制仪器的数据采集和数据传输，真正实现自动化管理，如图 3.2.28 所示，图中的曲线是一段时间内每日测值的位移变化量，可以直观地显示变化情况，时间范围可根据数据分析要求进行选择。

引张线仪构建的自动化采集系统，可实时查看大坝的变形情况，可及时了解大坝运行状态，为评估工程的安全状况提供了可靠依据。

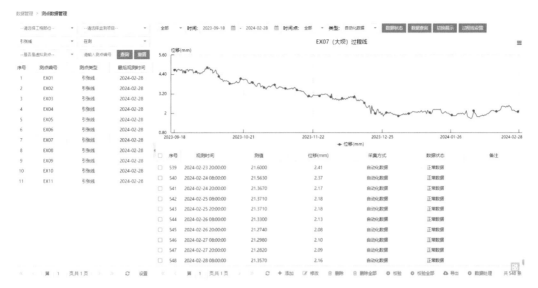

图 3.2.28 变形监测管理平台查看引张线仪数据界面

引张线仪采用精密线阵 CCD 传感器及数字电路检测，采集精度高，无电学漂移，实现了引张线的水平位移的自动测量，并具有故障诊断功能。引张线仪运用微处理器和 CAN 总线的通信方式，确保组网传输的可靠性，解决了传统通信方式不稳定的问题，具有可靠性高、智能化程度高、无人值守的特点。引张线仪结合手机 APP，解决了传统仪器无法现场参数配置、采集数据实时读取的问题。引张线仪是大坝安全监测自动化系统的主要组成部分，为保障大坝的安全运行提供有效的技术支撑。

第4章 安全监测智能采集成套设备研制及工程化验证

4.1 自动化数据采集单元研发

自动化数据采集单元是一款用于各类工程安全监测的自动化测量装置，可采集多种类型传感器（振弦、差阻、电流、电压），完成大坝安全监测仪器的自动测量和记录。自动化数据采集单元实物图如图 4.1.1 所示。

（a）自动化数据采集单元实物图　　　　　　　　　　（b）机箱内部图

图 4.1.1　自动化数据采集单元及机箱内部实物图

自动化数据采集单元成套装置主要包括自动化数据采集单元及其他辅助模块，辅助模块主要由通道扩展模块、电源管理模块、无线通信模块、蓄电池和防雷模块组成，并补充电流电压、温湿度监测等自监测模块，可进行设备运行状态监控、运行环境监测，实现电压故障、存储故障、环境影响等自诊断。

4.1.1 高精度自动采集

高精度自动采集通过自动化数据采集单元的优化设计实现，自动化数据采集单元主要由主控模块、通信模块、通道复用模块、智能采集模块和电源模块组成，如图 4.1.2 所示。

1）主控模块

自动化数据采集单元主控模块采用 ST 公司的 STM32F407VET 芯片，实现系统采集

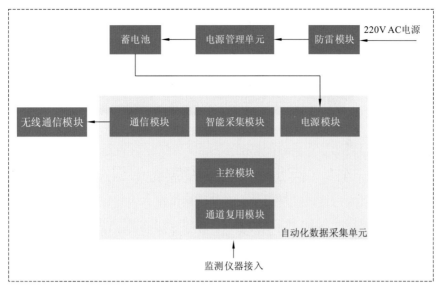

图 4.1.2　自动化数据采集单元硬件结构示意图

通道、采集频率等参数的现场配置及采集数据实时观测功能。微处理器作为整个装置的核心，通过微处理器与串口、以太网等通信接口的数据交互，实现采集设备的远程配置及数据传输[37]（图 4.1.3）。

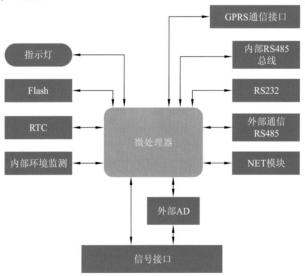

图 4.1.3　微处理器外围电路结构示意图

2）通信模块

自动化数据采集单元作为一款安全监测的物联网采集终端，具备多样型通信接口，如图 4.1.4 所示。

该款设备内置原生以太网接口，具有 RS485、RS232 接口，内置蓝牙通信模块。其中 RS485、RS232 接口可以接 3G、4G、NB-IoT、GPRS、WiFi、数传电台等通信模块。

多通信接口具备以下优势。

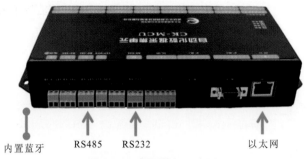

内置蓝牙　　RS485　RS232　　　　　　以太网

图 4.1.4　仪器接口示意图

（1）具备原生以太网接口，解决复杂通信组网情况。内置以太网口也可以作为设备配置接口，运用浏览器输入 IP 地址进行配置，类似路由器配置页面。

（2）内置蓝牙通信接口，简化现场配置调试问题，用户可直接通过手机 APP 配置和读取数据。

（3）RS232 和 RS485 接口可外接各种通信模块，方便扩展通信。

以太网是目前应用最广泛的局域网通信方式，同时也是一种协议。以太网协议定义了一系列软件和硬件标准，从而将不同的计算机设备连接在一起。以太网设备组网的基本元素有交换机、路由器、集线器、光纤、普通网线，以及以太网协议和通信规则。

因此对于大型组网系统，需采取以太网/光纤组网方式，既能够保障系统稳定性和通信距离，也能够减少通信链路对采集设备的干扰（图 4.1.5）。

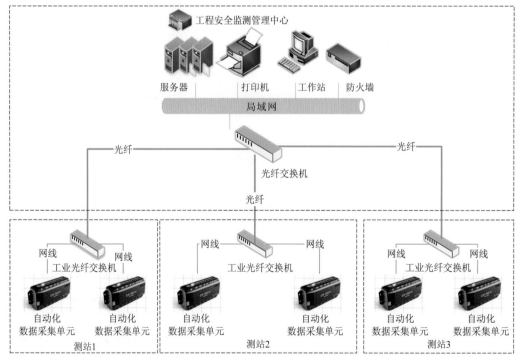

图 4.1.5　基于以太网的安全监测网络结构

RS485 控制器和 TCP/IP 两种通信方式控制器的优缺点比较如表 4.1.1 所示。

表 4.1.1　通信方式对比表

项目	优点	缺点
RS485	建设成本相对 TCP/IP 较低，单独组网，不需要外围设备组网	组网数量有限，设备越多网络越复杂，受到干扰越大。组网范围有限，一般只能在几百米范围内。对于数百个设备的系统，通信速度比较慢
TCP/IP	采用国际标准的流行通信协议，先进性和性能都比较好。组网数量无限制，组网范围广。 通信速度快，适合设备较多的组网系统。 通信质量稳定，不容易受到外界干扰。如果用户已经有局域网等网络可以不用重新铺设网络，利用现有网络组网	成本会稍高于 RS485 通信方式

3）通道复用模块

自动化数据采集单元具备通道切换和复用功能，能够采集多种类型的传感器数据（振弦、差阻、电流、电压），并且每个通道自带一组电源输出，供给需要电源的传感器，具备以下优势。

（1）能最大化利用设备采集通道，优化采集设备数量，减少投资费用。

（2）能简化现场人员安装过程，优化现场布线。

（3）能减少采集设备种类，简化运行期维护保养。

微处理器通过控制切换电路实现继电器的通断，使传感器信号接入对应传感器的采集电路，实现不同传感器采集电路的分时复用，减少电路的冗余和重复。

如图 4.1.6 所示，通道复用模块包括译码电路、继电器驱动电路、继电器通断电路、隔离电路；通道复用模块将微处理器输出的指令经过译码电路得到控制信号，经继电器驱动电路控制继电器通断，将不同类型传感器信号接入对应隔离电路及传感器采集电路。

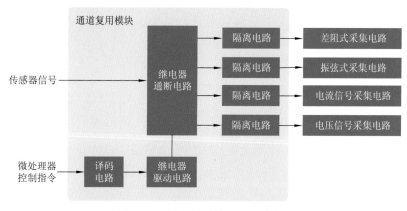

图 4.1.6　通道复用模块电路结构图

4）智能采集模块

智能采集模块是本设备的核心模块，实现振弦、差阻、电流和电压四种模拟信号的数字化转换（图 4.1.7）。

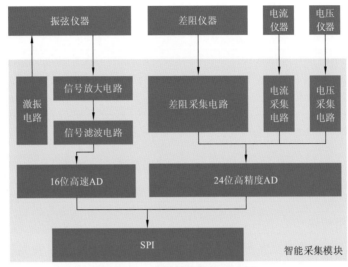

图 4.1.7　智能采集模块示意图

振弦式信号采集单元包括射随输出电路、三极管放大电路、功率放大电路、整形电路及隔离电路，微处理器产生的不同频率的一连串方波经过射随输出电路和三极管放大电路后，方波的输出功率增加，并将电压幅值从 3.3 V 提高到 5 V，确保能激振不同类型的振弦式传感器。传感器激振后产生的微弱波形通过两级功率放大电路使电压幅值达到 3.3 V，通过 16 位 AD 采集后进行频谱分析计算。

差阻式信号采集单元包括 A/D 电路、参考电压切换电路和恒压源电路。恒压源电路为 A/D 电路和差阻式传感器提供恒定的电压。A/D 电路采用高精度的八通道 A/D 芯片同时采集多路电压。参考电压切换电路通过切换 A/D 电路的参考电压值，提高 A/D 芯片的电压分辨率，进而提高信号的采集精度。

电压电流信号采集单元包括差分放大电路、电压偏离电路和 A/D 电路，A/D 电路采用 24 位 A/D 芯片对信号进行采样，提高采集精度。

4.1.2　通道扩展

自动化数据采集单元能提供 16 通道的接线端口，通过高密接口可外接通道扩展模块，最多能扩展至 64 通道，每个通道扩展模块为 8 通道/16 通道的传感器接口。高密接口包括微处理器的控制信号线、扩展模块编址信号线及传感器的 6 芯输入线。

图 4.1.8 所示为通道扩展模块的结构示意图，微处理器发送的控制信号经译码电路控制继电器的驱动电路，与协议编址电路共同控制继电器的通断，依次采集各路传感器信号，并通过隔离电路确保各通道互不影响。

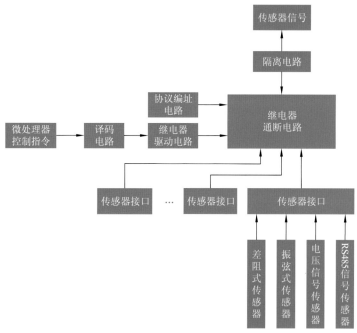

图 4.1.8　通道扩展模块电路结构图

4.1.3　电源优化管理

自动化数据采集单元内设有电源管理模块，负责模块供电及蓄电池的充放电管理，用于控制内置免维护蓄电池的充放电并为测量单元提供电源。正常情况下，外接的 220 V 交流电源经电源管理模块稳压净化后为单元供电，同时对内置的蓄电池充电。若外接电源停电，内部供电将自动切换为蓄电池供电。电源管理模块设有蓄电池保护电路，当电池充满或电池长时间供电后产生欠压，模块将自动切断充电回路或供电回路，以避免蓄电池因过充或过放电而损坏。

采集终端支持低压直流供电和太阳能供电，可直接接入直流电源进行供电，也可接入太阳能光伏板+蓄电池组成供电系统进行供电，不需要额外设备的支持。

4.1.4　人工实时在线比测功能

1. 人工比测

尽管目前工程现场传感器信号自动采集装置的可靠性越来越高，但人工比测功能为采集装置提供数据对比及数据补充，具有重要的实际意义，在工程监测现场沿用至今。数据采集单元提供人工比测接口，直接把人工比测接口连接到对应读数仪，其他传感器接线不变动，直接进行现场数据比对，避免了传统的比测方式的烦琐费时。传统的方式需要把传感器的输入线重新连接到读数仪，待读数仪读取完成后，再重新接线到自动采集装置，这种方式操作烦琐，易出现接线错误，影响系统稳定性。

人工比测模块运用高性能 CPU 的控制指令控制继电器的通断，将传感器信号切换到读数仪，如图 4.1.9 所示，通过这种方式可以避免重复接线。由于此模块耗电量较大，正常采集模式下，此模块全部断电，当收到控制指令时，才上电进行通断切换等操作，可满足采集单元的低功耗要求。

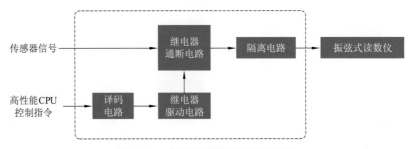

图 4.1.9　人工比测模块电路结构图

自动化数据采集单元、低功耗数据采集单元均具备人工在线实时比测功能，人工读数仪的传感器输入端连接比测接口，运用研发的比测 APP 进行通道切换操作。比测 APP 能显示通道号、通道类型（振弦、差阻、电流和电压）、在线测量值，可直接对比自动化数据采集单元和人工读数仪的测量值。人工在线比测如图 4.1.10 所示。

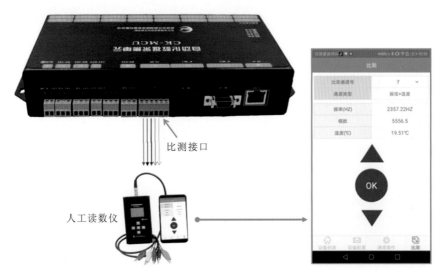

图 4.1.10　人工在线比测示意图

2. 全自动比测

自动化数据采集单元与手持式振弦差阻读数仪的组合使用可具备全自动化的实时人工在线比测功能。比测 APP 通过蓝牙与采集单元和读数仪同时进行连接，APP 显示采集单元的通道数量、通道号、通道类型、在线测量值、对应通道的读数仪的实时测量值、比测计算值、判定结果，APP 可直接将比测数据进行记录、存储、计算并支持比测报告的存储和导出，比测计算方法和结果判定指标均符合《大坝安全监测自动化技术规范》（DL/T 5211—2019）的要求。

全自动比测过程采用场景式比测的设计思维，比测示意图如图 4.1.11 所示。比测人员携带手持读数仪和安装比测 APP 的智能终端，进入观测测站，APP 识别机箱外壳所附的二维码，运用蓝牙通信方式，与数据采集单元和手持式读数仪建立通信连接，点击比测 APP 的"自动化比测"命令，实现数据采集单元的全通道自动化比测，保存比测结果，完成该设备的比测。

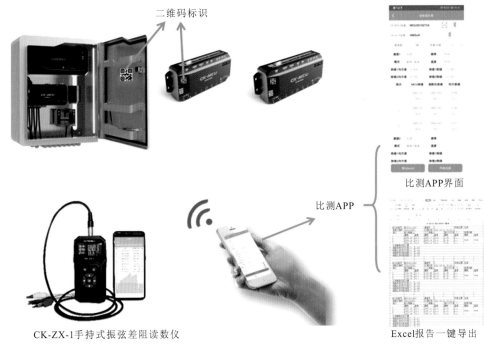

图 4.1.11　测站场景化全自动比测模式示意图

4.1.5　固件在线升级功能

自动化数据采集单元具备远程无线升级功能，具备以下优势。

（1）设备固件远程维护升级，方便用户定制功能。

（2）平台远程升级，降低现场设备维护工作强度。

两种固件升级模式，一种云平台远程升级（图 4.1.12），一种手机 APP 现场升级。固件升级是指通过专门的升级程序，将仪器硬件中的工作程序或源代码进行改进，使其得到兼容性、性能或者功能上的提高。它与升级驱动程序等不同的是，固件升级模式从机器底层进行更新，因而更直接、更有效，性能提高也更明显。这种升级可将机器的性能不断提高，进而将主机的潜力不断发挥出来。

固件远程升级能够为用户定制功能和需求时候提供方便简单的程序更新方式，无须

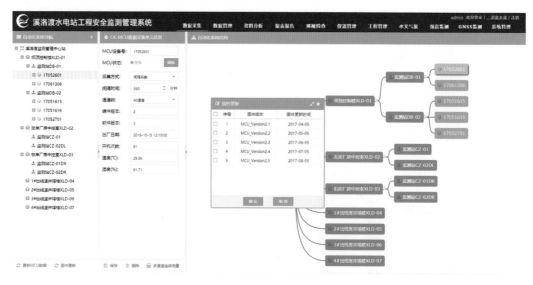

图 4.1.12　远程在线升级系统界面

专业人员去现场对几百台采集设备进行程序更新，从而提高了工作效率。

用户登录水电站安全监测系统，进入数据采集页面，选择需更新的自动化数据采集单元，点击固件更新，选择所需固件进行程序更新（图 4.1.13）。

（a）设备信息界面　　　　　（b）选定固件文件界面　　　　　（c）固件更新缓冲

图 4.1.13　手机蓝牙 APP 升级系统界面

用户进入测站，运用手机 APP 搜索蓝牙设备，选择自动化数据采集单元进行连接，连接成功后，选择固件进行更新，等待更新完成。更新过程中手机不能超出蓝牙信号的覆盖范围，否则更新失败。

4.1.6　仪器配置及数据交互优化设计

自动化数据采集单元可通过嵌入式系统软件和 APP 配置软件进行仪器配置及数据交互。

1. 嵌入式系统

自动化数据采集单元实现采集、存储、通信等功能，按照图 4.1.14 进行工作。

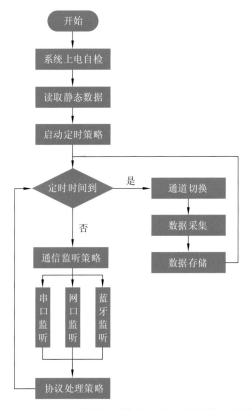

图 4.1.14　自动化数据采集单元嵌入式软件流程图

首先，自动化数据采集单元开机系统上电自检；通过自检后，读取系统静态数据，包括设备编号、生产日期、软件版本号等基本信息；启动定时策略，等待进入定时程序；当定时时间到，设备进入采集存储程序，依次采集各个通道仪器数据，并存入到存储芯片中；当定时时间没有到，设备进入通信监听策略，监听串口、网口、蓝牙通信接口有无通信指令，如果有通信指令，进入通信协议指令处理策略，根据指令进行处理。

2. 手机 APP

APP 配置软件通过无线蓝牙连接自动化数据采集单元，实现现场人员配置和管理自动化数据采集单元，主要由 6 个功能界面组成，分别为设备连接、设备配置、数据实时、历史数据、人工比测和高级配置（图 4.1.15）。

图 4.1.15　APP 配置软件界面

4.1.7　工程化验证

自动化数据采集单元已在国内几十个大中型水利水电工程中成功运用，例如，金沙江乌东德水电站、溪洛渡水电站、向家坝水电站、白鹤滩水电站 4 个梯级电站均有应用，下面以溪洛渡水电站安全监测自动化系统的应用为典型代表进行工程化验证介绍。

溪洛渡水电站安全监测自动化系统接入监测仪器数量 7 800 余支，涵盖范围包括拱坝、水垫塘、地下厂房、高边坡，安装研制的自动化数据采集单元数量（近 400 台），是大规模使用本书研发技术成果的标志性工程。

溪洛渡水电站安全监测自动化系统施工（第一标段）项目于 2017 年 10 月开工建设，系统已于 2022 年 7 月通过实用化验收，可以在"5 分钟内完成对溪洛渡水电站的一次全身体检"。该成果受到科技日报、中国水利报、湖北日报等官方媒体关注，并被新浪、腾讯等十余家主流互联网媒体转载报道。

系统运行稳定、数据采集高效、集成功能完善。系统全部测点实时采集一次耗时在 5 min 以内，对比国内其他大规模安全监测自动化系统，在数据采集效率上实现了质的飞跃，极大提高了安全监测自动化系统在灾情、险情期间的反应速度和工作效率。

4.2　无线低功耗采集单元研发

无线低功耗采集单元实现监测传感器的数据采集、存储和无线通信功能，包括 LoRa 和 4G 两种无线通信方式。若采用 LoRa 通信方式时，需与数据集中器结合使用，集中器通过 LoRa 无线通信收集多台低功耗采集单元上报的监测数据，具体如图 4.2.1 所示；若

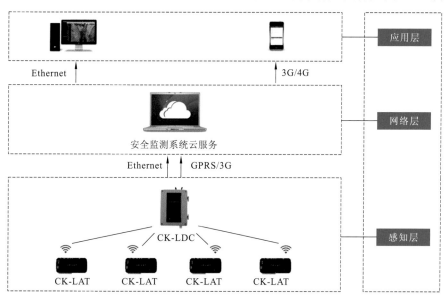

图 4.2.1　无线低功耗安全监测采集系统拓扑结构图

采用 4G 通信方式，则直接将数据传输到软件平台。低功耗采集单元选用低功耗芯片及通信模块，结合定期休眠、通信数据包唤醒等方式降低采集单元的功耗，显著增加仪器的供电电池使用时长。

无线低功耗安全监测智能采集系统具有远程访问和控制能力，用户可以远程监控采集设备的状态和数据，采集系统部署完成后，只需两年时间更换一次电池，不需要人工日常维护和现地操作。采集设备能够对环境温度、湿度参数进行采集，具有数据存储能力，并将大量的传感数据存储到远程云服务器，软件系统将进一步整理和分析（图 4.2.2）。

图 4.2.2　低功耗数据采集单元（6 通道）实物图

4.2.1　硬件功能设计

1. 低功耗数据采集单元

低功耗数据采集单元是整个系统的核心设备，由无线通信模块、协处理器模块和采集模块单元 3 个核心模块组成。通过低功耗的双 CPU 运用，实现不同处理器的功能分工及休眠机制，并结合 LoRa 无线技术的应用，解决了传感器野外自动测量、低功耗及远程传输的问题，具有可靠性高、无人值守的特点（图 4.2.3）。

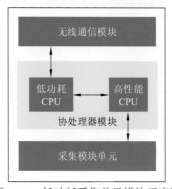

图 4.2.3　低功耗采集单元模块示意图

低功耗采集单元外形小巧，配备防水外壳，可灵活机动地布置到指定的测量地点，且通过 LoRa 无线技术与数据集中器通信，解决了大坝施工期、边坡等区域不方便布线的问题，可根据仪器布点的环境，选择高功率的不可充电池，或者选择高容量的充电电池及太阳能板，减少装置电池更换次数及维护成本。采集模块单元与自动化采集单元的采集类型一致。

1）低功耗协处理技术

低功耗数据采集单元功能需求多，包括数据采集、数据存储、数据滤波、定时策略、通信策略等，中央处理器 CPU 需同时具备高性能和低功耗能力，市面上很少有处理器能够满足要求。因此本书提出一种协处理器模块，该模块由 2 个 CPU 处理器组成，如图 4.2.4 所示，其中低功耗 CPU 负责数据存储、定时策略和通信策略，高性能 CPU 处理器负责数据采集、通道切换和数据滤波，两者互相协作。低功耗数据采集单元流程性工作由低功耗 CPU 完成，当需要用到数据采集任务时候，低功耗 CPU 控制开启高性能 CPU 电源，发送采集指令，高性能 CPU 采集完成后，低功耗 CPU 关闭高性能 CPU 电源。

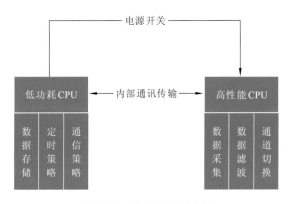

图 4.2.4　协处理器示意图

（1）低功耗 CPU。选用主芯片为功耗极低的 STM32L151，此款芯片通过高工艺及整体架构优化使得其在性能和超低功耗上表现卓越，具有超低能耗，作为控制核心，集低功耗、高性能、实时应用、低成本等特点于一体，最高工作频率可达到 72 MHz，并且提供多达 6 种低功耗模式，可以满足低功耗采集单元的通信要求和低功耗需求。

（2）高性能 CPU。高性能 CPU 选择 32 位微处理器芯片 STM32F407，以实现数据采集、通道切换和数据滤波功能。高性能 CPU 与采集模块进行数据交互，发出的信号经激振电路处理后生成激振波，对振弦式传感器进行激发，振弦式传感器被激发后发出回波，回波信号经过放大和滤波电路进入采集电路，采集电路进行采样录波后将数据传输给高性能 CPU，进行数据滤波及算法处理。STM32F407 微处理器是 32 位的 RISC 处理器，为采集装置提供了卓越的计算性能和先进的响应中断的能力。

对采用协处理器方法设计的采集单元进行功耗测试，电能消耗如表 4.2.1 所示，在采集 8 通道传感器，每日 2 次测试情况下，3 节 18 000 mAh 锂亚电池可使用 871.5 天，采集单元的电能供应可得到保证，满足工程需求。

表 4.2.1　低功耗数据采集单元电能计算表

时段	电流/mA	日工作时间/s	日平均电能/（mA·h）
待机	0.04	86 362	0.96
发送	120.00	6	0.20
采集	160.00	32	1.42
合计	—	86 400	2.58

协处理器模块，解决了低功耗和高性能的冲突问题，既保障了采集所需的高性能资源，又满足了设备低功耗需求。配合无线通讯模块空中唤醒、主动上报和被动查询的通信策略，实现数据采集单元的低功耗工作模式，该设计模式也可以应用于其他低功耗设备。

2）无线通信组网设计

LoRa 通信模块选用 SX1278，SX1278 支持 LoRa TM 扩频调制技术，它的远距离优势得益于调制增益，而非增大发射功率（增大发射功率将消耗更多电能）。该射频芯片的电流消耗如下：休眠<0.2 μA，空闲=1.6 mA，接收=12 mA，发射（最大功率）=120 mA。低功耗 CPU 通过"中断+定时器超时"方式控制 SX1278，一旦射频完成发送或接收，立即进入休眠模式。

SX1278 是半双工传输的低中频收发器，接收的射频信号首先经过低噪声放大器（low-noise amplifier，LNA），LNA 输入为单端形式。然后信号转为差分信号以改善二级谐波，之后变到中频（intermediate frequency，IF）输出同相正交信号，接着运用 ADC 进行数据转换，所有后续信号处理、解调均在数字领域进行，数字状态机还控制着自动频率控制（automatic frequency control，AFC）、接收信号强度指示（received signal strength indication，RSSI），以及自动增益控制（automatic gain control，AGC）频率合成器为接收机和发射机生成本地振荡器频率，一种覆盖超高频低频段，另一种覆盖高频段（高860 MHz），SX1278 配备三个不同的射频功率放大器[38]。

利用 LoRa 通信模块的空中唤醒功能，实现了低功耗状态下采集单元的实时召测功能。采集设备需要具备实时召测的功能，因此无线模块不能长时间处于休眠状态，采用 LoRa 通信模块的空中唤醒功能，定时自唤醒无线模块，醒来后判断是否有数据前导码，没有就继续休眠，有前导码就处理接收数据并唤醒采集单元，处理完继续休眠，避免了长时间处于接收状态而消耗能量，这是整个系统低功耗运行的关键技术。

低功耗数据采集单元无线通信采用主动上报和被动查询两种模式保证数据的及时性和完整性。低功耗数据单元按照周期性唤醒进行自动数据采集和存储，并且及时主动上报采集数据给数据集中器，提高数据的及时性。集中器或者远程云服务器由于无线通信存在信号干扰而导致的数据丢失，设备连接平台会根据定时数据的时间和编号搜索查找丢失数据编号，平台主动发送查询指令，通过数据集中器空中唤醒低功耗采集单元，及时补齐丢失的监测数据，保障数据的完整性。

2. 数据集中器

数据集中器作为整个采集网络的控制端，由 LoRa 无线通信模块、微处理器模块和 4G/GPRS 通信模块三个核心模块组成，如图 4.2.5 所示。数据集中器根据接收到的云服务器设备连接平台的指令，生成下发给低功耗采集单元的数据包，数据集中器同时接收低功耗采集单元发送的数据包，协议转换后发送到云服务器设备连接平台。

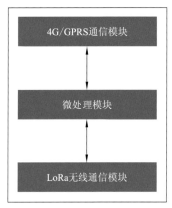

图 4.2.5 数据集中器模块示意图

数据集中器要时刻接收来自云服务器设备连接平台的通信指令，需要长期供电，无低功耗要求。因此，微处理器模块采用一款高性能 CPU 就能满足两种通信模块的数据交互及控制需求。

高性能微处理器的外围电路示意图如图 4.2.6 所示。

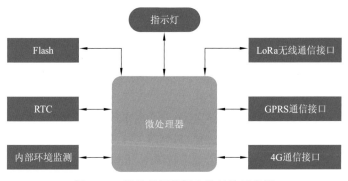

图 4.2.6 微处理器外围电路结构示意图

4.2.2 仪器配置及数据交互优化设计

低功耗采集单元设计了两种移动端软件，包括手机 APP 和微信小程序两种，微信小程序，是一种无须下载安装即可使用的应用，它实现了应用的"触手可及"，扫一扫或搜一下即可打开应用。

低功耗采集单元设计两种移动端软件，使人工交互更加智能便捷。低功耗采集单元微信小程序的"蓝牙连接""设备配置""通道操作""比测"，可切换到不同的操作界面，如图4.2.7所示的"通道操作"界面不仅可以实时读取当前采集的数据，也可以查看每个通道的历史数据，"比测"界面可操作低功耗采集单元与人工读数仪的对比数据。低功耗采集单元同样提供人工比测接口，直接把人工比测接口连接到人工读数仪，进行现场数据比对。

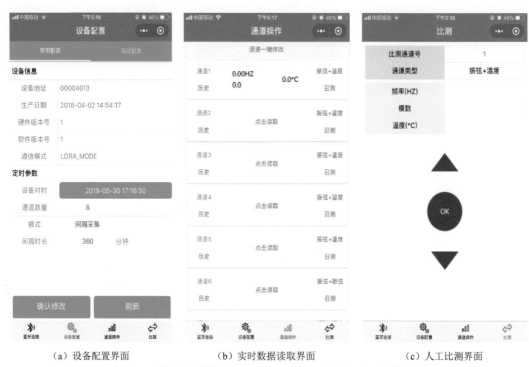

（a）设备配置界面　　　　　（b）实时数据读取界面　　　　　（c）人工比测界面

图4.2.7　微信小程序设备配置、实时数据读取与人工比测界面

4.2.3　工程化验证

无线低功耗采集单元在大藤峡水利枢纽、漳河水库、珠三角水资源配置工程等水利工程中成功应用。下面以漳河水库为工程案例做工程验证介绍。

湖北漳河水库除险加固工程中安全监测自动化采集单元全部采用本书提出的低功耗采集单元，共计安装了100余套。为了减少雷击损害事件，采用分布式单点采集和电池供电，以减少仪器线缆和供电电缆长度，降低雷击风险。本书采用了4G和LoRa两种无线通信方式进行通信组网，现场用玻璃钢护罩保护设备，测站和孔口保护装置为一体化设计（图4.2.8、图4.2.9）。

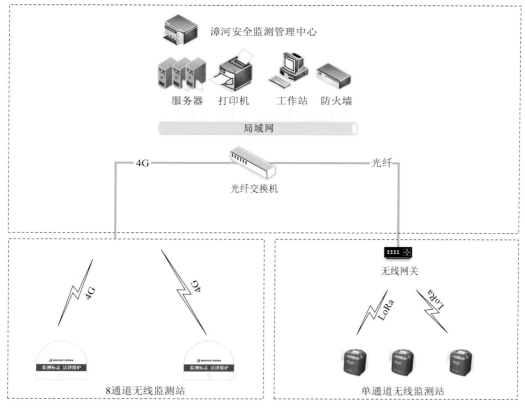

图 4.2.8　漳河水库无线监测站网络拓扑图

图 4.2.9　漳河水库无线低功耗采集单元现场安装图

4.3　手持式振弦差阻读数仪研发

振弦式传感器（或钢弦式传感器）和差动电阻式传感器（可简称为差阻式传感器）是目前国内外广泛应用于水利水电工程安全监测的传感器，可以测量岩土工程的应力应变、温度、接缝开合度、渗漏和变形等物理量。振弦式传感器通过测量钢弦的振动频率经换算得到相应的被测物理量，具有结构简单、坚固耐用、抗干扰能力强、测值可靠、稳定性好等优点；差阻式传感器通过测量两根串联的钢丝电阻的比值，经换算得到仪器的物理量，具有防潮、测量稳定可靠、测试方法简单、绝缘要求低、防雷能力强、经济性好等优点[39]。

为了确保岩土工程的安全性和可靠性，需要在工程建筑物的多处部位布设一定数量的传感器，在工程施工、运行的全生命周期对传感器的数据进行采集。

传统的人工观测是利用单类型的传感器读数仪，人工记录测量数据，再将全部数据手动录入电脑，进行数据处理和分析，若工程中有差阻式和振弦式两类传感器时，还需携带两台读数仪，具有仪器携带不便利、数据录入工作量大、易出错、需多次检验校正、无法现场及时处理的缺点。

手持式振弦差阻读数仪是一款能采集振弦和差阻两种类型传感器的手持电测读数仪表（图 4.3.1）。

图 4.3.1 手持式振弦差阻读数仪实物图

在工程安全监测施工期和运行期的测量中，常规的人工记录方式存在接线烦琐、效率低下而且容易产生人为记录错误的缺点。手持式振弦读数仪 APP 能完全取代传统的人工记录的模式，方便用户进行振弦式传感器数据采集和记录的工作。该 APP 嵌入了近场通信（near field communication，NFC）和二维码扫描的功能，便于用户快速读取、存储或修改传感器编号，提高了数据记录过程的效率。此外该 APP 还配备了数据同步上传、查询、表格和折线图展示及系统信息显示等功能，提高了产品的交互能力。

4.3.1 硬件功能设计

手持式振弦差阻读数仪硬件包括传感器接口模块、蓝牙模块、充电电池、微处理器、振弦式信号采集模块、差阻式信号采集模块、切换模块及所配备的智能手机。传感器接口模块通过切换模块与振弦式信号采集模块、差阻式信号采集模块连接，传感器接口模块通过切换模块选择对应传感器类型的采集模块经信号转换后输入到微处理器，蓝牙模块通过蓝牙通信方式与智能手机通信连接，智能手机通过通信网络与远程数据中心进行数据交互（图 4.3.2）。

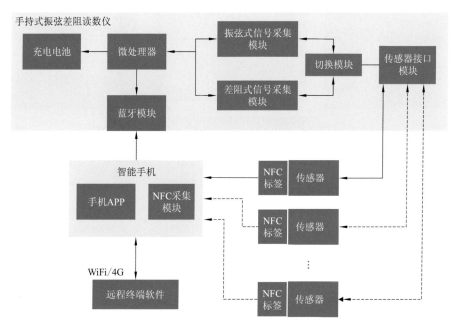

图 4.3.2　手持式振弦差阻读数仪硬件框架图

振弦式信号采集模块包括射随输出电路、三极管放大电路、功率放大电路、整形电路及温度采集电路，射随输出电路的信号输入端用于接收微处理器产生的方波信号，射随输出电路的信号输出端通过三极管放大电路与切换模块连接；功率放大电路的信号输入端用于接收传感器激振后产生的微弱波形，功率放大电路的信号输出端通过整形电路与微处理器连接；温度采集电路的信号输入端与切换模块连接，信号输出端与微处理器连接。

差阻式信号采集模块包括 A/D 电路、参考电压切换电路和恒压源电路。恒压源电路为差阻式传感器提供恒定的电压，通过五线制的接线方式，将监测仪器内部电阻值转换为对应电压值，运用 A/D 电路进行高精度的同步采样，对采样数据进行处理后得到电阻比和电阻和。

蓝牙模块通过 UART 通信协议与微处理器进行数据交互。通过蓝牙模块接收智能手机 APP 的参数命令，将参数命令转换成逻辑指令及开关信号，对两种信号采集模块进行选通及控制，并将两种信号采集模块采集的各类物理量转换成浮点数保存，再传输到蓝牙模块，从而在智能手机 APP 上进行显示。

4.3.2 仪器配置及数据交互设计

APP 软件通过无线蓝牙连接手持式振弦差阻读数仪，实现现场人员采集和同步监测仪器数据，主要由 3 个功能界面组成，分别为数据采集、历史查询和数据同步（图 4.3.3）。

（a）数据采集　　　　　　　　（b）历史查询　　　　　　　　（c）数据同步

图 4.3.3　手持式振弦差阻读数仪 APP 截图

4.3.3 工程化验证

手持式振弦差阻读数仪已广泛应用于溪洛渡水电站、向家坝水电站、大藤峡水利枢纽、珠三角水资源配置工程等水利水电工程，用于安全监测中日常人工观测、人工比测及仪器鉴定（图 4.3.4）。

手持式振弦差阻读数仪除了具备采集功能外，还集成了埋入式振弦仪器工作状态鉴定技术，该鉴定技术以现行鉴定规范为基础，通过增加基频频谱幅值、信噪比这 2 个新评价指标，建立了一套埋入式振弦仪器工作状态鉴定新评价方法。

以湖北小漩水电站监测仪器可靠性评价工作为案例，该工程安装埋设变形、渗流、应力应变等内观仪器共 100 支，其中振弦式仪器 98 支，除前期已封存停测的 14 支外，剩余 84 支均接入自动化系统。

为了对比现行规范方法和新评价方法的效果，采用已送检的振弦读数仪（非本书介绍的读数仪）依据现行方法对 84 支仪器开展性能评价工作。根据历史测值、现场测值情况，筛选出过程线缺失/不规律、现场频率测值不稳定或测值"空"的仪器 13 支，为"疑似"失效仪器。紧接着采用手持式振弦差阻读数仪采用新评价指标对它们进行"现场测值评价"，比测结果及评价情况如表 4.3.1 所示。分别采用现行规范综合评价方法和新综

表 4.3.1　现场频率测值评价结果对比

仪器类型	仪器编号	历史测值过程线情况	绝缘性测试评价	温度测值评价	现行规范测试指标及方法 频率测值及评价 频率测次/Hz 1	2	3	评价	频率测值评价	新指标及方法 频率相关指标测试及评价 频率测次/Hz 1	2	3	极差/Hz	信噪比	幅值/Vrms	频率测值评价
钢筋计	R8	不可靠	合格	可靠	—	—	—	不合格	不可靠	—	—	—	—	1.6	0.12	不可靠
渗压计	P24	不可靠	合格	不可靠	—	—	—	不合格	不可靠	—	—	—	—	2.3	0.06	不可靠
渗压计	UP2	不可靠	合格	可靠	2 373.3	2 373.3	2 373.1	合格	可靠	2 372.7	2 372.6	2 372.6	0.1	2.8	0.87	可靠
渗压计	UP4	不可靠	合格	可靠	2 264.1	2 272.1	2 276.1	不合格	不可靠	2 275.2	2 275.1	2 275.1	0.1	3.5	0.28	可靠
渗压计	UP6	不可靠	合格	可靠	2 984.0	2 983.6	2 984.1	合格	可靠	2 986.5	2 986.5	2 986.6	0.1	9.0	0.18	可靠
基岩变位计	M7	不可靠	合格	不可靠	—	—	—	不合格	不可靠	2 484.5	2 482.6	2 485.0	2.4	2.5	0.45	可靠
测缝计	J5	不可靠	合格	可靠	—	—	—	不合格	不可靠	2 121.8	2 121.5	2 121.9	0.4	2.0	0.11	可靠
测缝计	J12	不可靠	合格	可靠	2 016.6	2 017.6	2 016.4	合格	可靠	2 016.6	2 016.6	2 016.6	0	5.4	1.59	可靠

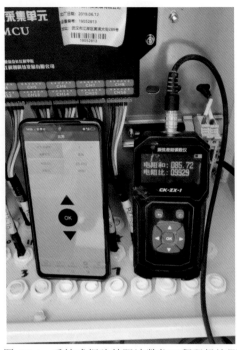

图 4.3.4　手持式振弦差阻读数仪工程现场比测

合评价方法对仪器进行综合评价，评价对比情况如表 4.3.2 所示。同时，选取渗压计 UP6、基岩变位计 M7，采集其回波进行时频域分析（见图 4.3.5 所示）。

表 4.3.2　综合评价方法结果对比

仪器考证信息		现行规范综合评价方法	新综合评价方法
仪器类型	仪器编号		
钢筋计	R8	异常	异常
渗压计	P24	异常	异常
渗压计	UP2	暂定	基本正常
渗压计	UP4	异常	基本正常
渗压计	UP6	暂定	基本正常
基岩变位计	M7	异常	基本正常
测缝计	J5	异常	基本正常
测缝计	J12	暂定	基本正常

　　由图 4.3.5 可知，UP6 回波信号弱，M7 噪声干扰问题均会导致测值异常，但仍能正常工作并未真正失效。由表 4.3.1 和表 4.3.2 的综合评价对比可见，新评价指标和方法能够识别和避免这类仪器的误判为"异常"或"暂定"的问题，有较好的实践效果。

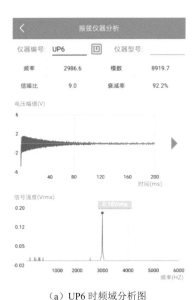
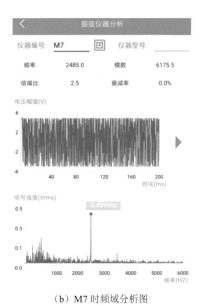

（a）UP6 时频域分析图 　　　　　　　　（b）M7 时频域分析图

图 4.3.5　UP6、M7 的时频域分析图

第 5 章 智能监控预警云平台研发

5.1 平台研发需求

大坝安全智能监控预警云服务平台系统重点解决大坝安全管理工作中存在的整编效率较低、分析深度不够、监控预警不及时、部署维护困难、难以集中管控等问题。系统的具体研发需求体现在以下五个方面[40]。

（1）提高安全监测资料整编分析水平。现阶段，一般采用人工的方式进行安全监测资料整编分析，其工作量大、效率低、时效性差，且受限于现场基层工作人员的专业技术水平，整编分析成果在规范性、分析深度等方面往往达不到要求，无法真正达到安全监测反馈设计、指导施工的目的。另外，由于水利水电工程建设周期较长，人工整编分析的资料及相关档案难以长期规范保存，无法保证施工期与运行期监测资料的无缝衔接。因此，迫切需要通过信息化手段提高安全监测资料整编分析水平。

（2）弥补安全监测及监控专业技术人员不足。安全监测及监控工作涉及水工结构、岩土工程、工程测量、工程地质、通信工程、自动化控制、软件工程等多个学科专业，然而大坝安全专业技术人员长期缺乏。因此，有必要开发一套简单易用、分析功能齐全大坝的安全监控系统，在一定程度上替代专业技术人员完成安全监测专业分析、监控预警等工作。

（3）提升安全监控信息化水平与智能化程度。目前，大多数水利水电工程安全监控系统主要采用单机版、客户端、定制开发等模式，部署所需软硬件成本较高，系统升级维护难度较大；系统功能较为单一，主要实现安全监测数据的自动化采集，具备一定的数据查询及管理功能，缺少专业数据分析功能；人工智能、大数据等技术应用不足，大坝安全智能分析预警水平有待提升。因此，亟须紧密结合安全监控业务需求，运用新一代信息技术，有效提升大坝安全监控的信息化水平与智能化程度。

（4）便于用户部署及运行维护。除安全监测自动化系统配套采集软件外，由于安全监测系统专业性强、水工建筑物类型多样等原因，安全监测数据管理及分析系统一般采用定制开发的模式，投资较大，且需要单独购置服务器进行部署，后期运维及升级也较为困难。另外，安全监测信息化系统重建轻管现象普遍存在，系统维护人员缺失，导致系统逐渐荒废，无法正常发挥作用，造成了投资及软硬件资源的浪费。

（5）实现统一部署与分布式应用。目前，安全监测数据标准不统一，应用系统无法互联互通，造成大量的应用孤岛与信息孤岛，难以有效进行数据资源共享和开发利用，无法满足流域公司、集团公司统一部署、分布式应用的需求。有必要研发统一的大坝安全监控平台，实现大坝安全集中管控。

5.2　平台总体架构

大坝安全智能监控预警云服务平台系统总体架构如图 5.2.1 所示，系统划分为基础设施层、平台层、应用层和用户层。另外，系统遵循标准规范体系、保障环境与安全体系。

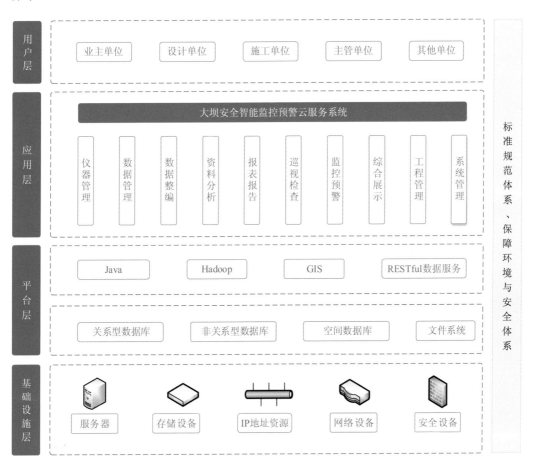

图 5.2.1　系统总体技术架构图

Hadoop 为分布式系统基础架构

（1）基础设施层：为整个系统运行所依赖的基础设施，包括服务器、存储设备、网络设备、安全设备等。根据实际工作需要，基础设施既可以采用阿里云、腾讯云等公有云，也可以采用私有云，甚至可以简化为独立的服务器进行单机部署，从而适应不同的部署环境[41]。

（2）平台层：包括数据平台和应用支撑平台。数据平台主要是利用关系型数据库、非关系型数据库、空间数据库和文件系统来存储大坝安全相关结构化数据、文档及多媒体资料。支撑平台主要为系统所用到的支撑软件平台，包括 Java 平台、Hadoop 平台、GIS 平台及定制开发的 RESTful 数据服务平台。

（3）应用层：为具体的系统功能应用，包括数据采集、管理、分析、监控、预警等全方位安全监测业务应用，具体可划分为物联采集、测点管理、数据管理、数据整编、监控预警、报表报告、巡视检查、综合展示、工程管理、系统管理、移动应用、系统集成等功能模块。

（4）用户层：包括业主单位、设计单位、施工单位、主管单位及拥有权限的其他单位，支持用户角色类型与权限的自定义。

（5）标准规范体系、保障环境与安全体系：标准体系是贯穿于整个系统的标准定义和规范定义，既包括水利电力行业安全监测相关的标准规范，也包括计算机软件领域相关的标准规范。保障环境包括软件保障环境及硬件保障环境。安全体系包括系统安全、操作系统安全、数据库安全及业务应用安全等方面。

5.3　智能分析与监控预警技术

5.3.1　专项监测分析计算功能

1. 相关性分析方法

相关性分析方法被集成运用于大坝安全智能监控预警云服务平台系统中，实现了安全监测与环境量、安全监测物理量之间的相关性分析（图 5.3.1）。

两个变量之间的相关系数定义为两个变量之间的协方差和标准差的商。

$$\rho_{(X,Y)} = \frac{\text{cov}(X,Y)}{\sigma_X \sigma_Y} = \frac{\text{E}\left[(X-\mu_X)(Y-\mu_Y)\right]}{\sigma_X \sigma_Y} \tag{5.3.1}$$

式中：$\text{cov}(X,Y)$ 为变量 X 与 Y 的协方差；σ_X、σ_Y 为变量 X、Y 的标准差；μ_X 为 X 的期望值，$\mu_X = \text{E}(X)$；μ_Y 为 Y 的期望值，$\mu_Y = \text{E}(Y)$，E 为期望值。

亦可由样本点的标准分数均值估计，得到与上式等价的表达式。

$$r = \frac{1}{n-1}\sum_{i=1}^{n}\left(\frac{X_i-\overline{X}}{\sigma_X}\right)\left(\frac{Y_i-\overline{Y}}{\sigma_Y}\right) \tag{5.3.2}$$

式中：$\frac{X_i-\overline{X}}{\sigma_X}$、$\overline{X}$、$\sigma_X$ 分别为样本的标准分数、样本平均值和样本标准差。

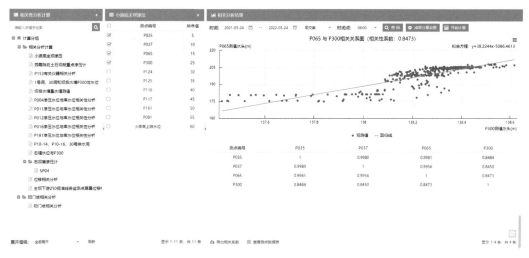

图 5.3.1　相关性分析示意图

2. 渗流监测分析

1）坝体浸润线分析

在土石坝横断面图上，标示出各测压管水位，用直线或圆滑线连接成实测浸润线。同时，采用水库设计时浸润线计算方程式算出相应水位下的理论浸润线，与实测值比较（图 5.3.2）。

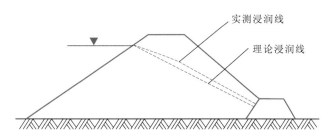

图 5.3.2　理论与实测浸润线

一般二者不能完全吻合，主要是测压管水位对库水位的滞后影响，往往在库水位下降过程中实测值要大于理论值，库水位上升过程中的实测值要小于理论值。应在多年分析中找出规律，并判断浸润线是否正常，浸润线如图 5.3.3 所示。

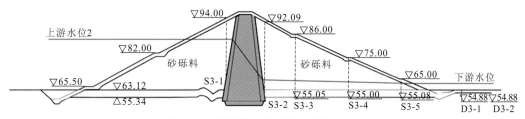

图 5.3.3　浸润线自动绘制（单位：m）

以均质土石坝为例，理论浸润线计算方法如下。

假定心墙上游浸润线与水库水位齐平，假设 H_1，H_2 为上下游水位。

$$q = k_e \frac{H_1^2 - H^2}{2\delta} \tag{5.3.3}$$

$$q = k \frac{H^2 - H_2^2}{2L} \tag{5.3.4}$$

式中：k_e 为心墙土料的渗透系数（m/s），可以由土工试验测得；H_1 为心墙上游侧水头即库水位作用在心墙上的水头（m）；q 为通过单位坝长的渗透流量（m³/s）；k 为心墙下游坝壳料的渗透系数（m/s）；δ 为心墙的平均厚度（m），$\delta = (\delta_{顶} + \delta_{底})/2$；$L$ 为心墙下游坝壳的底宽（m）；H_2 为坝下游水深（m）；H 为心墙下游坝壳内起点浸润线的高度（m），H 计算公式为

$$H = \sqrt{(1+\alpha)\left(\alpha H_1^2 + H_2^2\right)}$$

心墙后水深为

$$\alpha = \frac{Lk_e}{k\delta} \tag{5.3.5}$$

上游至心墙、下游至心墙，用直线连起来，则心墙内浸润线方程

$$y = \sqrt{H_1^2 - \frac{x(H_1^2 - H^2)}{\delta}} \tag{5.3.6}$$

式中：α 为中间参数；x，y 值为浸润线在坐标点上值。

2）坝基扬压力分析

（1）坝体渗压系数按照式（5.3.7）、式（5.3.8）计算。

下游水位高于测点高程时
$$\alpha_i = \frac{H_i - H_2}{H_1 - H_2} \tag{5.3.7}$$

下游水位低于测点高程时
$$\alpha_i = \frac{H_i - H_3}{H_1 - H_3} \tag{5.3.8}$$

式中：α_i 为第 i 测点渗压系数；H_1 为上游水位（m）；H_2 为下游水位（m）；H_i 为第 i 测点实测水位（m）；H_3 为测点高程（m）。

（2）坝基渗压系数按照式（5.3.9）、式（5.3.10）计算，坝基渗压系数计算示意图如图 5.3.4 所示。

下游水位高于基岩高程时
$$\alpha_i = \frac{H_i - H_2}{H_1 - H_2} \tag{5.3.9}$$

下游水位低于基岩高程时
$$\alpha_i = \frac{H_i - H_4}{H_1 - H_4} \tag{5.3.10}$$

式中：H_4 为测点处基岩高程（m）。

3. 变形监测分析计算

大坝安全智能监控预警云服务平台系统集成了变形监测平差处理方法，包括高程控制网平差和平面控制网平差。高程控制网平差的计算方法如下。

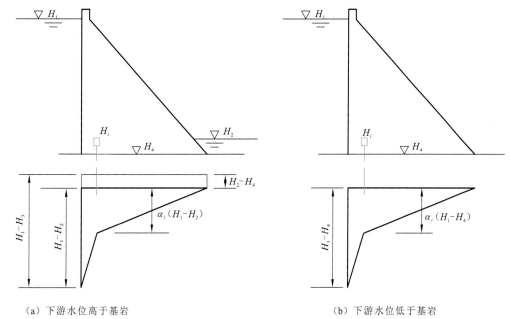

（a）下游水位高于基岩　　　　　　　　　　　　（b）下游水位低于基岩

图 5.3.4　坝基渗压系数计算示意图

1）观测值的权值

高程控制网中，一般以每千米高差观测值的中误差为单位权重误差。在某些地面起伏较大的地区，也可采用测站数来定权。

2）误差方程

假定水准网中一段高差的两个点为 i、j，以两点的高程为未知参数，可列出观测值误差方程为

$$L_{ij} + v_{ij} = \hat{H}_j - \hat{H}_i \qquad (5.3.11)$$

式中：L_{ij}、v_{ij} 为高差观测值、改正数；$\hat{H}_i$、$\hat{H}_j$ 为 i、j 点的高程平差值。

根据观测值生成高程平差文件，在软件中输入已知点信息，进行约束网平差。在平差之前，需要确定网图的连通性，否则无法进行平差。网中至少有两个已知高程点，且其在网中分布均匀，这是一般的高程控制网的情况。网中有且只有一个已知高程点，则是最小约束网的情况，一般可用于计算高差和分析网点之间的变化。在平差完成之后，软件输出高程平差值、高程中误差、高差平差值、高差改正数、高差中误差及其精度和高程控制网总体信息。

4. 应力应变监测分析

大坝安全智能监控预警云服务平台系统集成了应力应变分析方法，包括无应力计算方法和应变计组计算方法。

1）无应力计计算方法

对无应力计实测资料进行分析，可探究坝体混凝土自由温度变形的实际线膨胀系数

及自生体积变化规律。同时可利用无应力计反演得到的实测线膨胀系数和自生体积变形来计算应变计组的应力应变。在大坝安全监测分析系统里面主要采用以下两种计算方法。

（1）传统方法。大体积混凝土内湿度变化不大且自生体积变形主要发生在早龄期，故可以从稍晚龄期的温降短时段 $[\varepsilon_w + G(t) \approx 0]$ 中选取若干实测应变及温度测值，采用最小二乘法求得线膨胀系数，从而将实测应变分离为温度应变与自生体积变形。

但其仍有如下不足：未剔除观测误差；反演时段的选取依赖资料分析人员的经验，随机性较强；反演得到的线膨胀系数为一个定值，不能充分利用后续监测数据、更无法及时反映后续混凝土水化进程及工作性态的变化。

（2）统计模型。无应力计实测应变中自由温度变形以温度 T 为因子，湿度变形合并到 $G(t)$ 中做时效变形考虑，自生体积变形 $G(t)$ 以龄期 t 为因子且是时间的单调函数，建立如下统计模型。

$$\varepsilon_g = a_0 + a_1 T + a_2 t + a_3 \ln(1+t) + a_4 e^{kt} \tag{5.3.12}$$

式中：T 为无应力计的实测温度；t 为测时距分析时段起点的时间长度（天）；a_0、a_1、a_2、a_3、a_4 为回归系数；k 为常数项，一般取 0.01。

逐步回归求解上述方程，所得 a_1 即为混凝土线膨胀系数的估计值，时间函数的组合部分即为时效变形，包含了湿度变形与自生体积变形。

统计模型可将无应力计实测应变分解为温度变形、时效变形（湿度变形和自生体积变形）及残差，同时反演出温度线膨胀系数。

2）应变计组计算方法

应变计组根据工作应变计数目及组合方式的不同，分为三大类结构型式：一是混凝土坝中广泛应用的传统三维坐标型，也是规范所收录的结构型式；二是平面正三角形、空间正四面体型；三是四棱锥型。其计算流程如图 5.3.5 所示。

图 5.3.5　应变计组计算流程

对各向应变计实测应变，首先利用配套无应力计统计模型回归成果计算应力应变 ε_σ。

$$\varepsilon_\sigma = f \cdot \Delta Z + (b - \alpha) \cdot \Delta T - G(t) \tag{5.3.13}$$

式中：f 为线性系数；ΔZ 为模数差值；b 为温度补偿系数；α 为线膨胀系数；$G(t)$ 为湿度应变；ΔT 为温度差值。

然后依次进行修匀、平差处理，进行正、切应变转换，进行单轴应变计算，最终使用徐变应力计算（正、切应力），然后进行主应力、主方向及最大剪应力计算，从而确定测点的实际应力状态。

（1）由应变计组应变测值计算单轴应变 ε'，按照式（5.3.24）、式（5.3.25）、式（5.3.26）计算。

$$\varepsilon'_x = \frac{\varepsilon_{mx}}{1+\mu} + \frac{\mu}{(1+\mu)(1-2\mu)}(\varepsilon_{mx} + \varepsilon_{my} + \varepsilon_{mz}) - \frac{\varepsilon_n}{1-2\mu} \qquad (5.3.14)$$

$$\varepsilon'_y = \frac{\varepsilon_{my}}{1+\mu} + \frac{\mu}{(1+\mu)(1-2\mu)}(\varepsilon_{mx} + \varepsilon_{my} + \varepsilon_{mz}) - \frac{\varepsilon_n}{1-2\mu} \qquad (5.3.15)$$

$$\varepsilon'_z = \frac{\varepsilon_{mz}}{1+\mu} + \frac{\mu}{(1+\mu)(1-2\mu)}(\varepsilon_{mx} + \varepsilon_{my} + \varepsilon_{mz}) - \frac{\varepsilon_n}{1-2\mu} \qquad (5.3.16)$$

式中：ε'_x 为 x 向单轴应变；ε'_y 为 y 向单轴应变；ε'_z 为 z 向单轴应变；ε_{mx} 为 x 向应变计测值；ε_{my} 为 y 向应变计测值；ε_{mz} 为 z 向应变计测值；ε_n 为无应力计测值；μ 为混凝土泊松比。

（2）单轴应变计算混凝土应力。将时间划分为 n 个时段，每个时段的起始和终止时刻（龄期）分别为：τ_0，τ_1，τ_2，$\cdots$，τ_{i-1}，τ_i，$\cdots$，τ_{n-1}，τ_n。各个时段中点龄期（$\overline{\tau}_i = (\tau_i + \tau_{i-1})/2$）为：$\overline{\tau}_1$，$\overline{\tau}_2$，$\cdots$，$\overline{\tau}_i$，$\cdots$，$\overline{\tau}_n$。各时刻对应的单轴应变分别为：$\varepsilon'_0$，$\varepsilon'_1$，$\varepsilon'_2$，$\cdots$，$\varepsilon'_i$，$\cdots$，$\varepsilon'_n$。各中点龄期对应的单轴应变分别为：$\overline{\varepsilon'_1}$，$\overline{\varepsilon'_2}$，$\cdots$，$\overline{\varepsilon'_i}$，$\cdots$，$\overline{\varepsilon'_n}$。各时段单轴应变增量（$\Delta\varepsilon'_i = \varepsilon'_i - \varepsilon'_{i-1}$）为：$\Delta\varepsilon'_1$，$\Delta\varepsilon'_2$，$\cdots$，$\Delta\varepsilon'_i$，$\cdots$，$\Delta\varepsilon'_n$。应力计算有以下两种方法。

a. 松弛法。在 τ_n 时刻的应力为

$$\sigma(\tau_n) = \sum_{i=1}^{n} \Delta\varepsilon'_i E(\overline{\tau}_i) K_P(\tau_n, \overline{\tau}_i) \qquad (5.3.17)$$

式中：$E(\overline{\tau}_i)$ 为 $\overline{\tau}_i$ 时刻混凝土的瞬时弹性模量；$K_P(\tau_n, \overline{\tau}_i)$ 为龄期 $\overline{\tau}_i$ 时的松弛曲线在 τ_n 时刻的值。

b. 变形法。在 $\overline{\tau}_n$ 时刻的应力为

$$\sigma(\overline{\tau}_n) = \sum_{i=1}^{n} \Delta\sigma(\overline{\tau}_i) \qquad (5.3.18)$$

$$\begin{cases} \Delta\sigma(\overline{\tau}_i) = E'(\overline{\tau}_i, \tau_{i-1}) \cdot \overline{\varepsilon'_i}, & i=1 \\ \Delta\sigma(\overline{\tau}_i) = E'(\overline{\tau}_i, \tau_{i-1})\left\{\overline{\varepsilon}_i - \sum_{j=1}^{i-1}\Delta\sigma(\overline{\tau}_j) \times \left[\frac{1}{E(\tau_{j-1})} + c(\overline{\tau}_i, \tau_{j-1})\right]\right\}, & i>1 \end{cases} \qquad (5.3.19)$$

式中：$\Delta\sigma(\overline{\tau}_i)$ 为 $\overline{\tau}_i$ 时刻的应力增量；$E'(\overline{\tau}_i, \tau_{i-1})$ 为以 τ_{i-1} 龄期加荷单位应力持续到 $\overline{\tau}_i$ 时的总变形 $\left[\frac{1}{E(\tau_{i-1})} + c(\overline{\tau}_i, \tau_{i-1})\right]$ 的倒数，即称为 $\overline{\tau}_i$ 时刻的持续弹性模量；$E(\tau_{j-1})$ 为 τ_{j-1} 时刻混凝土的瞬时弹性模量；$c(\overline{\tau}_i, \tau_{j-1})$ 为以 τ_{j-1} 为加荷龄期持续到 $\overline{\tau}_i$ 时的徐变度。

5.3.2　大坝安全监测分析预测模型

安全监测分析模型是根据已取得的监测资料，以环境量作为自变量，以监测效应量

作为因变量，利用数理统计分析方法而建立起来的、定量描述监测效应量与环境量之间统计关系的数学模型。根据监测项目，可划分为变形统计分析模型、渗流统计分析模型、应力应变统计分析模型。根据模型的求解方法可划分为多元线性回归模型、逐步回归模型、主成分回归模型、智能算法分析模型等[42]。

1. 变形、应力应变类安全监测统计分析模型

$$\hat{y}_d(t) = \hat{y}_{dH}(t) + \hat{y}_{dT}(t) + \hat{y}_{d\theta}(t) \tag{5.3.20}$$

式中：$\hat{y}_d(t)$ 为变形类、应变应力类监测效应量 y_d 在 t 时刻的估计统计值；$\hat{y}_{dH}(t)$ 为 $\hat{y}_d(t)$ 的水压分量；$\hat{y}_{dT}(t)$ 为 $\hat{y}_d(t)$ 的温度分量；$\hat{y}_{d\theta}(t)$ 为 $\hat{y}_d(t)$ 的时效分量。

2. 渗流类安全监测统计分析模型

$$\hat{y}_s(t) = \hat{y}_{sH}(t) + \hat{y}_{sR}(t) + \hat{y}_{sT}(t) + \hat{y}_{s\theta}(t) \tag{5.3.21}$$

式中：$\hat{y}_s(t)$ 为渗流类监测效应量 y_s 在 t 时刻的估计统计值；$\hat{y}_{sH}(t)$ 为 $\hat{y}_s(t)$ 的水压分量；$\hat{y}_{sR}(t)$ 为 $\hat{y}_s(t)$ 的降雨量分量；$\hat{y}_{sT}(t)$ 为 $\hat{y}_s(t)$ 的温度分量；$\hat{y}_{s\theta}(t)$ 为 $\hat{y}_s(t)$ 的时效分量。

安全监测预测模型主要实现监测物理量的预测预报，可结合安全监测分析模型计算结果对监测物理量进行预测。同时，也可以根据监测物理量的变化特点建立时间序列模型、神经网络预测模型、小波分析模型进行预测。同时可以结合支持向量机、长短循环神经网络等机器学习智能算法深入挖掘监测物理量的变化规律，建立智能化预测预报模型，实现对监测物理量的精准预报。安全监测预测模型一般流程如图 5.3.6 所示。

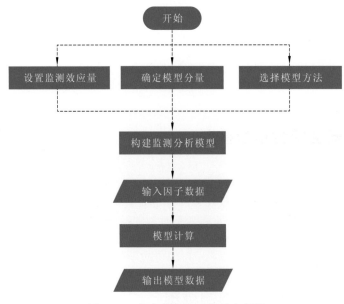

图 5.3.6　安全监测预测模型流程图

5.3.3　大坝安全监控预警模型

确定预警指标是实现大坝安全监测预警的关键，预警指标能为校核设计、改进施工和评价工程状态提供重要依据。安全监测预警模型主要为预警指标的拟定模型，并实现分析监控预警。

目前预警指标的拟定方法主要包括置信区间法、典型监控效应量的小概率法。其中置信区间法主要通过监测效应量的数学统计模型的置信区间来确定预警指标；典型监控效应量的小概率法主要通过监测效应量的分布函数并结合失效概率确定监控指标[43]。

典型监控效应量的小概率法是根据不同坝型和大坝的具体情况，选择不利荷载组合时的监测效应量或它们的数学模型中的各个荷载分量。以监测效应量为随机变量，每年有一子样，形成样本空间，估计其特征值，用统计检验法，对其进行分布检验，得其概率密度函数的分布函数，确定失效概率后，即可求得相应水平的监控指标，其具体流程如图 5.3.7 所示。

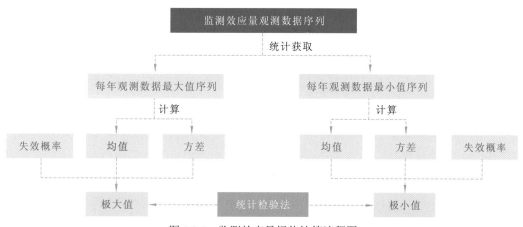

图 5.3.7　监测效应量极值计算流程图

5.3.4　大坝安全综合诊断模型

大坝安全状态综合诊断评价是一个多层次、多指标的复杂分析评价问题，主要包括综合评价指标体系设置、评价指标度量方法和综合评价途径三个方面内容，通过先建立一个合理的综合评价指标框架，然后按一定的方法分别对每个评价指标进行评价（度量），再利用某种或某些评价途径将各评价指标的度量结果进行汇总，最终得到大坝安全状态的综合评价结果（图 5.3.8）。

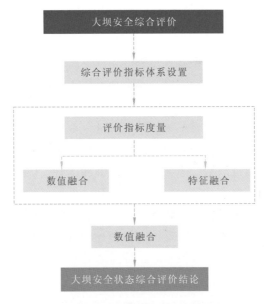

图 5.3.8　大坝安全综合评价流程图

5.3.5　监测数据智能粗差识别与预测系统

大坝安全监测数据智能粗差识别与预测系统设计的目标是对各类监测指标进行实时采集，经过消息中间件传递至计算平台，并进行在线计算和离线分析，最后对数据进行图形化分析。系统平台根据异常检测模型的检测分析结果来评估结构当前性状，当监测数据出现异常时，系统可告知相关技术人员快速做出应对举措，同时技术人员可远程实时查看各历史数据报表及检测参数和结果等，以及时保障大坝的安全运行。系统总体框架设计如图 5.3.9 所示，其具体流程介绍如下。

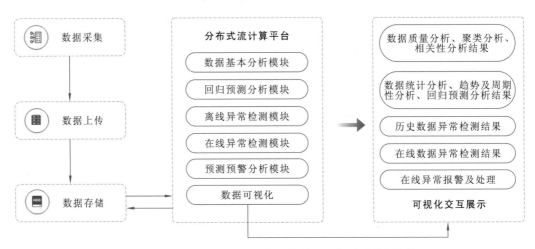

图 5.3.9　大坝安全监测平台智能粗差识别与预测系统设计

（1）数据库：整个系统拟采用非关系型数据库（NoSQL、HDFS），用以快速存储查询历史传感器数据。

（2）时序数据基本特性分析模块：集成基本统计方法，用于对数进行完整性检验、相关性分析及聚类分析。

（3）时序数据回归预测分析模块：集成时序信号处理方法、线性回归及基于机器学习的非线性回归方法，用于对监测数据序列进行回归、预测分析。

（4）离线数据异常检测模块：集成聚类分析及无监督学习算法，用于批处理传感器历史数据，通过聚类、回归预测及异常检测等模型分析，对历史数据中的异常数据（异常点和异常片段）进行检测、识别、清洗及处理。

（5）在线数据异常检测模块：集成统计检验、孤立森林方法，对某个时段的流数据进行分析，检测出疑似异常值，通过异常数据处理策略对时序数据进行处理。

（6）预测预警分析模块：基于实时在线流数据的回归预测、异常数据检测，通过分析给予被监测指标的预测预警信息。

（7）数据可视化：数据流通过中间消息件（Kafka）进行连接，数据服务后台使用分布式流处理计算引擎（Spark、Flink 平台）进行计算，并将计算存入数据库，最终结合大数据可视化技术实现页面显示及图表生成。

据系统需求分析，系统功能主要分为时序数据基本特性分析模块、时序数据回归预测分析模块、离线数据异常检测模块、在线数据异常检测模块及预测预警分析模块。系统各模块功能如图 5.3.10 所示。

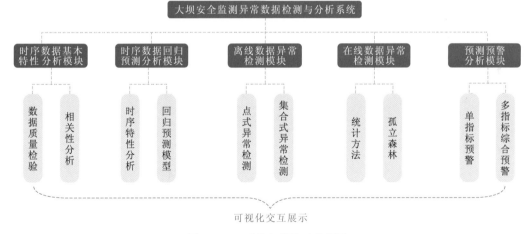

图 5.3.10　系统各模块功能设计

大坝安全监测预警分析往往是和监测数据预测分析方法相结合，可以先定量地预测分析出未来监控指标的变化情况，并由此推演未来大坝的安全状况，从而为大坝安全的综合管理与决策支持提供科学依据（图 5.3.11）。

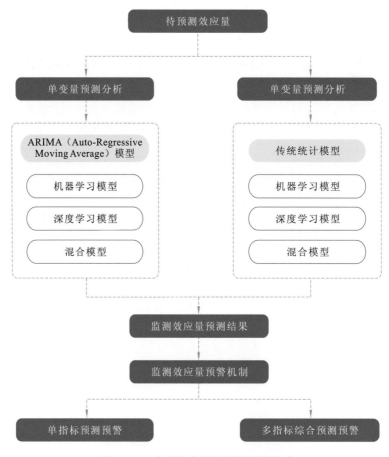

图 5.3.11　大坝安全监测预测预警技术

对于监控指标的实测值进行预警的方法包括：单指标预测预警方法和多指标综合预测预警方法。

（1）单指标预测预警。

单指标预测预警由以下方案确定该监测指标是否需要进行预警。

① 单一监控指标的监测值在线预警分析，若测值触发预警，进入第②步。

② 对该指标短时间内进行加密观测，若加密观测值未触发预警，则认为该测值为假预警；若加密观测值仍多次触发预警，则认为该测值为真预警，并启动多指标综合评价预测预警。

（2）多指标综合预测预警。

多指标综合评价预测预警由以下方案确定该结构全局或局部是否需要进行预警。

① 单指标预警后，系统自动关联该监测部位周围其他传感器监测结果，将该指标变量与其他监测效应量做相关性分析。若相关性弱，则结束预警，初步判断该预警为传感器自身故障等原因导致，并启动仪器检查、鉴定等相应响应措施；若相关性强，进入第②步。

② 系统自动关联对应的环境变量（水位、温度）监测结果，将该指标变量及相关性强的指标变量分别与环境变量做相关性分析。若相关性较强，则认为此次预警由环境量引起，确定预警等级并启动相应响应措施；若相关性较弱，则认为此次预警原因需进一步确认，确定预警等级并启动相应响应措施。

5.3.6　工程安全评价

安全评价模块实现对大坝安全性态的实时综合评价。大坝安全综合评价主要包括以下三个方面的内容：综合评价指标体系的设置、评价指标的度量方法和综合评价的途径。

首先将系统中大坝安全相关的各类监测信息、巡检信息、环境量信息和其他计算成果信息进行有效融合，构建多层次大坝安全评价模型，采用多种方法度量评价指标，通过人工触发或者定时触发实现安全评价模型的分析计算，得到评价结果并进行结果展示，实现大坝安全状态综合分析评价（图 5.3.12）。

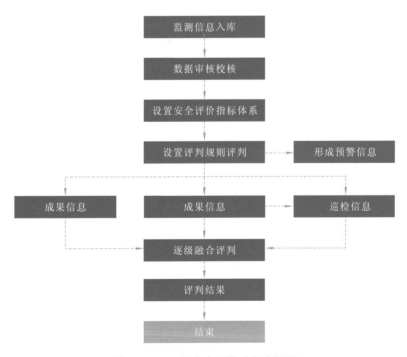

图 5.3.12　工程安全评价功能流程图

1. 安全评价指标体系

融合监测信息、环境量信息、巡检信息和分析成果信息建立安全评价指标体系。安全评价指标体系是对大坝工程进行安全评价的基础体系，需结合工程实际及安全评价知识建立。用户可查看安全评价指标体系，具有权限的用户可对实现安全评价指标进行增加、修改等管理功能。

以混凝土坝为例，大坝安全综合评价指标一般设置如下。

第一层：大坝安全状态层。这是大坝安全综合评价的最终目标层。

第二层：结构部位层。如坝体、坝基及近坝区。此层从大坝结构组成的角度，对大坝安全进行评价。

第三层：监测项目层。如变形、渗流（含近坝区为地下水）、应力应变及温度和巡视检查。此层从大坝安全仪器监测项目和巡视检查的角度，对大坝各部位的安全状态进行评价。

第四层：监测分项目层。水平位移、垂直位移、倾斜、裂缝及接缝；坝基扬压力（近坝区为地下水位）、渗流量、绕坝渗流；坝踵应力、坝趾应力、坝体及坝基温度；变形现象巡视结果，渗流现象巡视结果。此层从大坝安全监测具体项目（物理量）和巡视检查类别的角度，对监测类型及巡查结果进行评价。

第五层：监测方法层。实现监测项目（物理量）的不同方法（手段）和巡视检查项目。

第六层：测点层。

根据以上分析，按评价流程进行排列，可得到大坝安全综合评价体系的结构构造。在这一结构体系中，最终目标位于最顶层，基本评价信息位于最底层，呈现多层递阶分析层次结构，其中上、下层之间都具有关联隶属关系，每一级都是其上一级的评价指标，也是其下一级的综合评价目标。如此逐级递归综合评价，最终得到大坝安全综合评价结果。

2. 评价指标度量

测点级的评价指标度量是整个评价体系的基础单元，度量方法的选取对最终评价结果的准确性和合理性影响重大。系统支持采用监控指标评判准则、特征值准则、监控模型评判准则等对评价指标进行度量分析，便于对工程安全进行综合评价。用户可选择不同评判准则进行度量并比较。

3. 综合评价

大坝安全状态综合评价需将位于大坝不同部位的多个测点、多种监测效应量有机结合起来，进行综合比较、分析和评价，达到决策大坝安全状态的目的。综合评价可通过异常率评判方法或证据理论评判方法结合评价指标度量结果对大坝进行综合评价，系统支持人工选择评价或设置定时触发综合安全评价。对评价结果进行展示和记录，用户可查看评价结果（图5.3.13）。

4. 示例页面

示例页面如图5.3.14、图5.3.15所示。

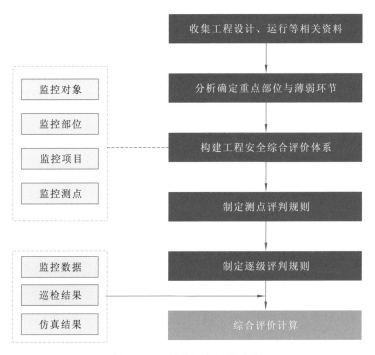

图 5.3.13　综合评价计算流程

图 5.3.14　安全评价指标体系界面

图 5.3.15　安全评价结果界面

5.4　平台功能结构

根据大坝安全管理及监测监控实际业务需求，融合安全监测理论与方法，大坝安全智能监控预警云服务平台系统主要包括物联采集、测点管理、数据管理、数据整编、监控预警、报表报告、巡视检查、综合展示、工程管理、系统管理等功能模块，能够为水利水电工程提供从施工期到运行期全方位的安全监控服务。另外，大坝安全智能监控预警云服务平台系统能够与水情测报、全球导航卫星系统（global navi-gation satellite system，GNSS）、强震监测等系统实现集成，消除"信息孤岛"，实现大坝安全监测信息的集成管理与综合分析。

大坝安全智能监控预警云服务平台系统功能结构如图 5.4.1 所示。

5.4.1　物联采集

物联采集主要涵盖数据采集（图 5.4.2）、实时采集（图 5.4.3）、触发采集（图 5.4.4）、采集策略管理（图 5.4.5）、采集策略增加（图 5.4.6）、采集预案管理（图 5.4.7）、采集设备管理（图 5.4.8）、设备协议解析（图 5.4.9）、数据开放接口（图 5.4.10）、监控运维管理等功能模块（表 5.4.1）。

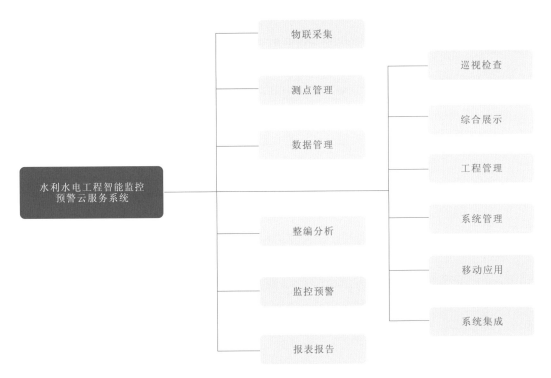

图 5.4.1　系统功能结构图

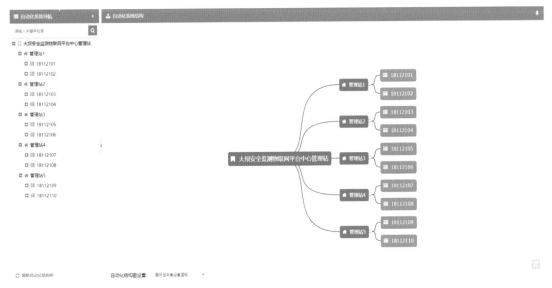

图 5.4.2　数据采集界面

图 5.4.3　实时采集界面

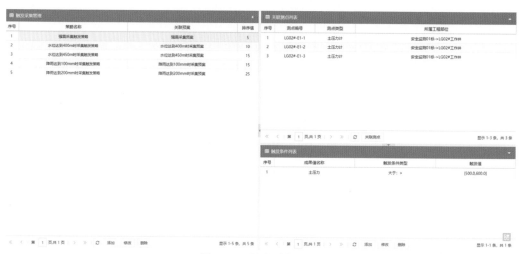

图 5.4.4　触发采集界面

图 5.4.5　采集策略管理界面

图 5.4.6　采集策略增加界面

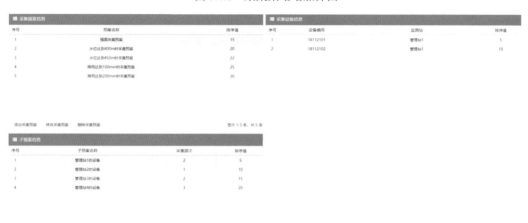

图 5.4.7　采集预案管理界面

图 5.4.8　采集设备管理界面

图 5.4.9 设备协议解析界面

图 5.4.10 数据开放接口界面

表 5.4.1 物联采集模块功能列表

序号	功能名称	描述
1	数据采集	以思维导图的形式展示安全监测自动化系统的组网方式,支持选择采集设备执行采集操作
2	实时采集	实现多个自动化采集设备或者所有采集设备的巡回采集
3	触发采集	实现阈值触发下的触发采集
4	采集策略增加	实现自定义各类型采集策略
5	采集预案管理	实现采集预案定制功能
6	采集设备管理	实现采集设备全生命周期管理功能,支持设备信息管理、远程配置、固件升级等功能
7	设备类型管理	实现各类设备厂家和型号的采集设备的统一管理

续表

序号	功能名称	描述
8	监测站点管理	实现监测站点管理，支持监测站点信息及结构的自定义
9	数据开放接口	提供完善的数据开放接口，为专业应用开发者赋能，实现物联网平台与其他业务系统之间的互联互通
10	监控运维管理	提供接入设备的监控运维功能，每日生成运行日报，便于用户及时了解设备运行情况；对设备掉线、缺数等情况能够及时报警

5.4.2　测点管理

测点管理模块实现振弦、差阻、电流、电压、光栅光纤等多种原理的安全监测测点考证信息的管理，支持测点类型的自定义。同时支持不同测点类型成果值计算公式的自定义。实现测点关联布置图管理及测点实施采购信息的管理，主要功能如表 5.4.2 所示。

表 5.4.2　测点管理模块功能列表

序号	功能名称	描述
1	测点信息管理	实现对测点基本信息的增、删、改、查等管理功能，包括常量参数、观测量参数、成果量参数等
2	测点类型管理	实现对不同测点类型的增、删、改、查等管理功能
3	测点公式管理	实现对测点成果值计算公式的管理功能
4	测点布置图管理	实现测点布置图管理，包括布置图增、删、改、查和布置图与测点关联信息设置
5	测点量程管理	实现对测点量程信息的管理
6	测点观测频次	实现对测点观测频次自定义设置

测点管理模块主要功能界面如图 5.4.11～图 5.4.14 所示。

图 5.4.11　测点信息管理界面

图 5.4.12　测点类型管理界面

图 5.4.13　测点公式管理界面

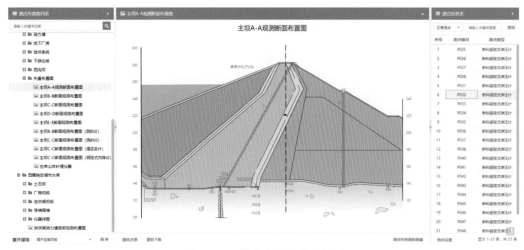

图 5.4.14　测点布置图管理界面

5.4.3　数据管理

数据管理模块实现安全监测数据、环境量监测数据的增、删、改、查等管理操作，支持数据导入及导出功能，可实现多种方法进行数据校核，并提供过程线图、分布图等多种数据成果展现方式（表 5.4.3）。

表 5.4.3　数据管理模块功能列表

序号	功能名称	描述
1	数据管理	实现对安全监测数据的查询、录入、导入、修改、删除和导出等管理功能
2	环境量数据管理	实现对水文、气象数据的查询、增加、修改和删除等管理功能
3	数据报送管理	实现安全监测数据向外报送功能
4	数据批量导入	实现安全监测数据批量导入平台中
5	数据批量导出	实现安全监测数据的批量导出
6	数据更新管理	实现平台数据更新功能，支持手动更新数据
7	数据比测管理	实现自动化仪器的比测功能，包含比测数据管理和比测记录管理
8	数据误差处理	实现对监测数据进行校核，支持莱茵达准则、罗曼诺夫斯基准则、格拉布斯准则等校核方法

数据管理模块主要功能界面如图 5.4.15～图 5.4.19 所示。

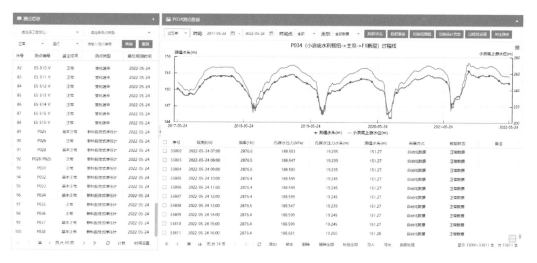

图 5.4.15　数据管理界面

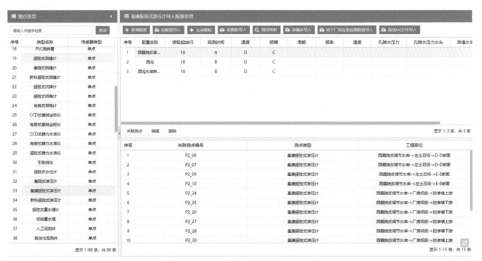

图 5.4.16　数据批量导入界面

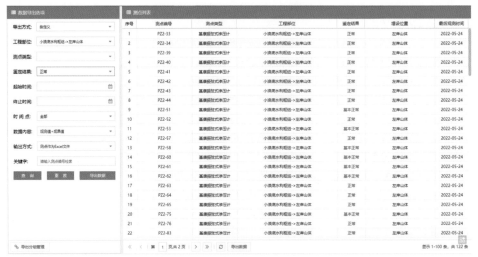

图 5.4.17　数据批量导出界面

图 5.4.18　数据比测管理界面

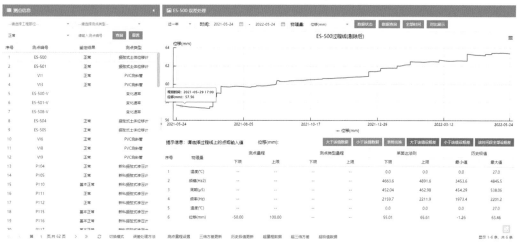

图 5.4.19　数据误差处理界面

5.4.4　整编分析

数据整编模块实现特征值统计、数据整编成册、整编分组管理、相关性分析、变形监测分析、渗流监测分析、应力应变分析等功能,数据整编模块主要功能如表 5.4.4 所示。

表 5.4.4　数据整编模块功能列表

序号	功能名称	描述
1	特征值统计	实现对安全监测数据的日、旬、月、年等不同时间尺度不同特征值(最大、最小)的统计
2	数据整编成册	实现将数据整编成表格成册,便于统计分析,支持将整编成册数据导出分析
3	整编分组管理	实现对数据整编分组的增、删、改、查等管理功能
4	相关性分析	实现安全监测数据与环境量数据、监测数据之间的相关性分析
5	变形监测分析	实现变形监测数据平差处理分析
6	渗流监测分析	实现渗流监测数据分析
7	应力应变分析	实现应力应变计算分析
8	安全监测模型分析	采用统计模型、确定性模型及混合模型实现安全监测数据分析

数据整编模块主要功能界面如图 5.4.20～图 5.4.25 所示。

图 5.4.20　特征值统计界面

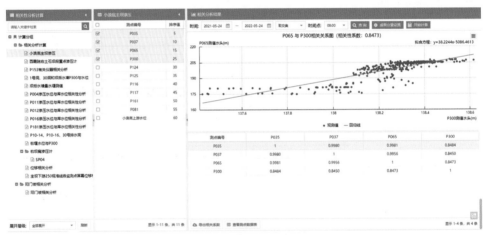

图 5.4.21　相关性分析界面

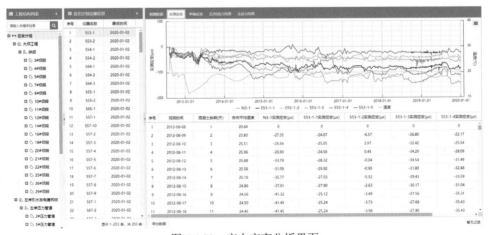

图 5.4.22　应力应变分析界面

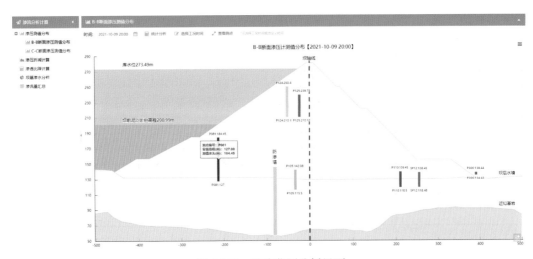

图 5.4.23　渗流监测分析界面

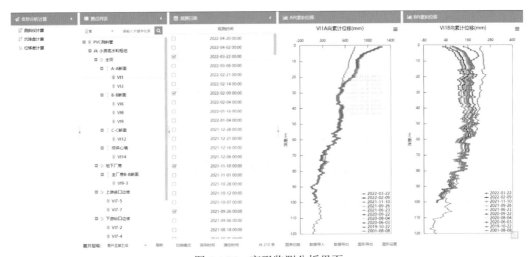

图 5.4.24　变形监测分析界面

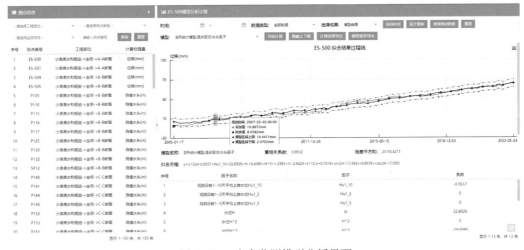

图 5.4.25　安全监测模型分析界面

5.4.5　监控预警

监控预警模块主要实现对重点部位的监控，并提供安全监控指标拟定方法，支持监控指标的自定义，由此实现安全监测各工程部位的实时监控预警，监控预警模块主要功能如表5.4.5所示。

表5.4.5　监控预警模块功能列表

序号	功能名称	描述
1	重点实时监控	实现对重点监测部位的实时监控，以过程线图和数据表的形式实时展示
2	监控测点管理	实现对重点监测部位重点测点的管理
3	预警指标管理	实现对安全监测各工程部位预警指标的管理
4	预警人员管理	实现对预警人员的增、删、改、查等管理功能
5	预警信息管理	实现对预警信息的增、删、改、查等管理功能
6	预警等级管理	实现对预警等级的增、删、改、查等管理功能
7	及时性检查	实现对测点数据采集情况的统计展示
8	预警数据判别	实现对超监控指标的监测数据统计，并通知相关的预警人员

监控预警模块主要功能界面如图5.4.26～图5.4.29所示。

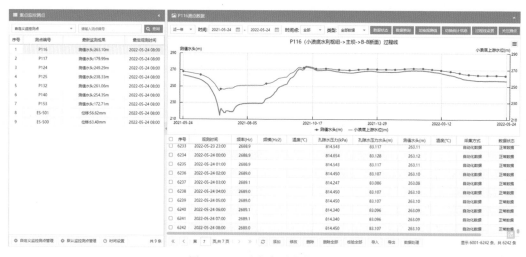

图5.4.26　重点实时监控界面

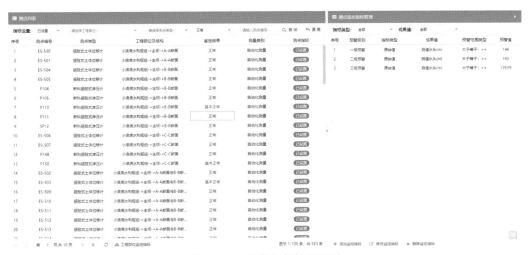

图 5.4.27　预警指标管理界面

图 5.4.28　及时性检查界面

序号	测点编号	测点类型	工程部位	观测时间	成果值	预警指标	预警级别	预警数据数	未查看数据	操作
1	BX10-15-1	插张式位移计	小浪底水利枢纽->地下厂房->主厂房B-B...	2022-05-24 12:00	相对位移(mm): 0.52	大于等于: >= 0.49	三级预警	7	7	测点数据
2	BX10-24-1	插张式位移计	小浪底水利枢纽->地下厂房->主厂房B-B...	2022-05-24 08:00	相对位移(mm): 0.27	大于等于: >= 0.27	三级预警	5	5	测点数据
3	BX10-25-1	插张式位移计	小浪底水利枢纽->地下厂房->主厂房B-B...	2022-05-24 08:00	相对位移(mm): 2.60	大于等于: >= 2.34	三级预警	5	5	测点数据
4	BX10-8-1	插张式位移计	小浪底水利枢纽->地下厂房->主厂房A-...	2022-05-24 08:00	相对位移(mm): 6.18	大于等于: >= 5.62	三级预警	5	5	测点数据
5	BX7-15-S	电位计式位移计	小浪底水利枢纽->上游进口边坡	2022-05-24 08:00	相对位移(mm): 19.27	大于等于: >= 9.69	三级预警	5	5	测点数据
6	BX7-15-5-V	变化速率	小浪底水利枢纽->上游进口边坡	2022-05-24 08:00	变化速率(单位/天): 0.3669	大于等于: >= 0.033	警戒预警	6	6	测点数据
7	BX7-16-1-V	变化速率	小浪底水利枢纽->上游进口边坡	2022-05-24 08:00	变化速率(单位/天): 0.2664	大于等于: >= 0.033	警戒预警	6	6	测点数据
8	BX7-16-4-V	变化速率	小浪底水利枢纽->上游进口边坡	2022-05-24 08:00	变化速率(单位/天): -0.2889	大于等于: >= 0.033	警戒预警	6	6	测点数据
9	BX7-16-5-V	变化速率	小浪底水利枢纽->上游进口边坡	2022-05-24 08:00	变化速率(单位/天): 0.1233	大于等于: >= 0.033	警戒预警	6	6	测点数据
10	BX7-2-1-V	变化速率	小浪底水利枢纽->下游出口边坡	2022-05-24 08:00	变化速率(单位/天): 0.1872	大于等于: >= 0.033	警戒预警	6	6	测点数据
11	BX7-2-3-V	变化速率	小浪底水利枢纽->下游出口边坡	2022-05-24 08:00	变化速率(单位/天): 70.8585	大于等于: >= 0.033	警戒预警	6	6	测点数据
12	BX7-2-4-V	变化速率	小浪底水利枢纽->下游出口边坡	2022-05-24 08:00	变化速率(单位/天): 0.1861	大于等于: >= 0.033	警戒预警	6	6	测点数据
13	BX7-2-5-V	变化速率	小浪底水利枢纽->下游出口边坡	2022-05-24 08:00	变化速率(单位/天): 0.1918	大于等于: >= 0.033	警戒预警	6	6	测点数据
14	BX7-2-6-V	变化速率	小浪底水利枢纽->下游出口边坡	2022-05-24 08:00	变化速率(单位/天): 0.1952	大于等于: >= 0.033	警戒预警	6	6	测点数据
15	BX9-9-1	电位计式位移计	小浪底水利枢纽->发电尾水洞->1号发电...	2022-05-24 08:00	相对位移(mm): 10.08	大于等于: >= 7.13	三级预警	5	5	测点数据
16	BX9-9-2	电位计式位移计	小浪底水利枢纽->发电尾水洞->1号发电...	2022-05-24 08:00	相对位移(mm): 17.35	大于等于: >= 5.59	三级预警	5	5	测点数据
17	BX9-9-3	电位计式位移计	小浪底水利枢纽->发电尾水洞->1号发电...	2022-05-24 08:00	相对位移(mm): 15.71	大于等于: >= 3.82	三级预警	5	5	测点数据
18	BXE2-1-V	变化速率	小浪底水利枢纽->下游出口边坡->III区	2022-05-24 08:00	变化速率(单位/天): 0.7518	大于等于: >= 0.033	警戒预警	6	6	测点数据
19	BXE2-4-V	变化速率	小浪底水利枢纽->下游出口边坡->III区	2022-05-24 08:00	变化速率(单位/天): 2.7852	大于等于: >= 0.033	警戒预警	6	6	测点数据
20	N11-2	基康插张式无应力计	小浪底水利枢纽->地下厂房->1号机组机...	2022-05-24 08:00	应变(με): 133.774	大于等于: >= 124.65	三级预警	5	5	测点数据

图 5.4.29　预警数据判别界面

5.4.6　报表报告

报表报告模块基于定制化模板和动态标签技术，实现了安全监测报表报告的定制化与一键自动生成，用户可根据设定模板生成周报、月报、年报等安全监测报表报告，报表报告模块主要功能如表 5.4.6 所示。

表 5.4.6　报表报告模块功能列表

序号	功能名称	描述
1	报表生成	实现报表根据设定模板自动生成
2	报告生成	实现报告根据设定模板自动生成
3	模板设置	实现对报表、报告的模板进行设置管理
4	标签管理	实现对报表、报告中使用的图、表等标签管理

报表报告模块主要功能界面如图 5.4.30～图 5.4.33 所示。

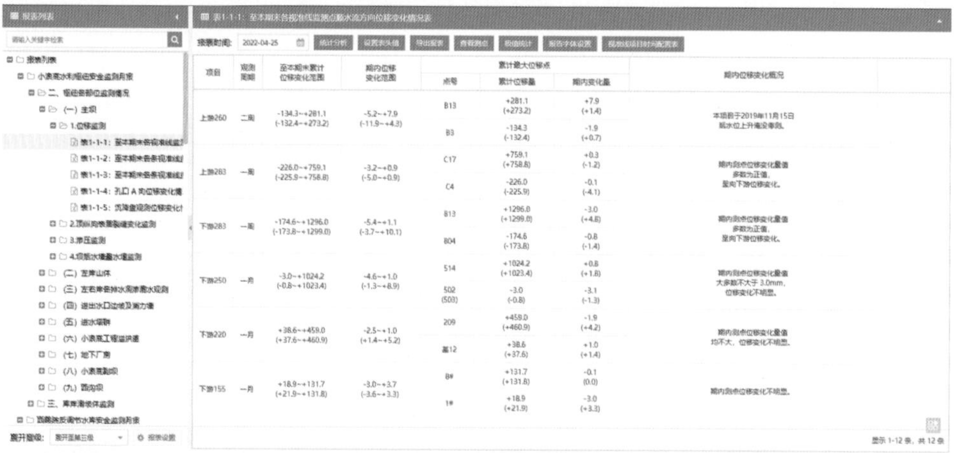

图 5.4.30　报表生成界面

图 5.4.31　报表模板管理界面

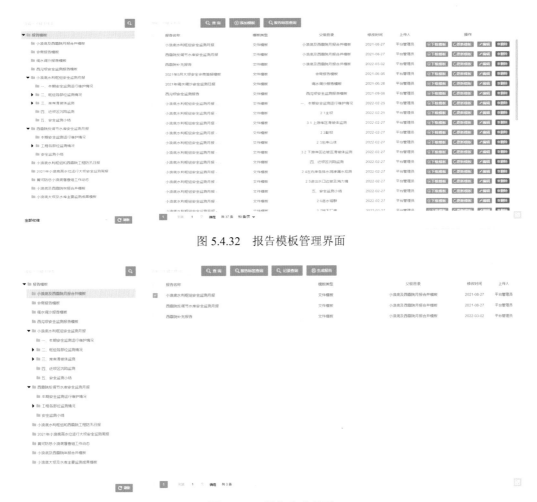

图 5.4.32　报告模板管理界面

图 5.4.33　报告生成界面

5.4.7　巡视检查

　　巡视检查模块实现巡检项目管理、巡检路线管理、巡检人员管理、巡检计划管理、巡检结果管理等功能，开始配套开发了移动 APP，支持用户进行移动巡检，巡视检查模块主要功能如表 5.4.7 所示。

表 5.4.7　巡视检查模块功能列表

序号	功能名称	描述
1	巡检项目管理	对巡检项目的查询、增加、修改和删除等管理功能
2	巡检路线管理	对巡检路线的查询、增加、修改和删除等管理功能
3	巡检人员管理	对巡检人员的查询、增加、修改和删除等管理功能
4	巡检计划管理	对巡检计划的查询、增加、修改和删除等管理功能

续表

序号	功能名称	描述
5	巡检成果管理	对巡检成果的查询、增加、修改和删除等管理功能
6	巡检报告管理	对巡检报告的查询、增加、修改和删除等管理功能
7	移动巡检	移动应用APP进行移动巡检，可在移动端实现巡检信息查询和巡检成果上传

巡视检查模块主要功能界面如图 5.4.34～图 5.4.38 所示。

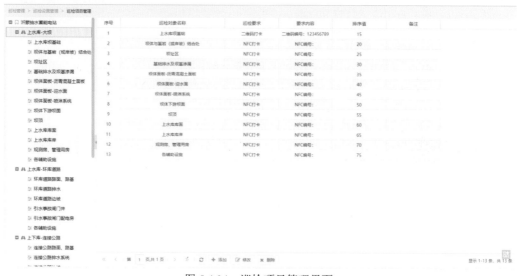

图 5.4.34　巡检项目管理界面

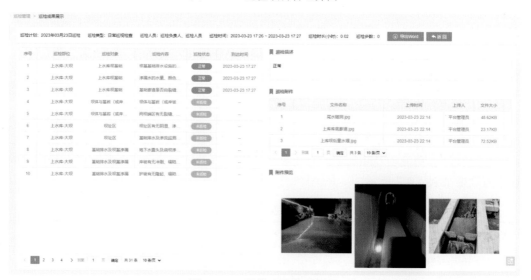

图 5.4.35　巡检成果管理界面

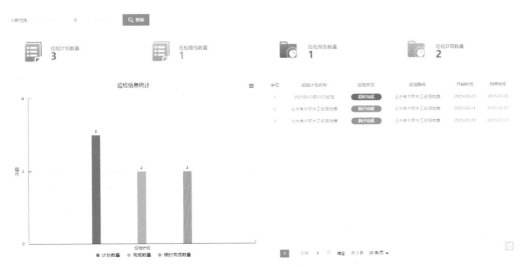

图 5.4.36　巡检信息统计界面

图 5.4.37　移动巡检（巡检信息填报）

图 5.4.38　移动巡检

5.4.8　综合展示

综合展示模块实现对安全监测测点、监测数据、实施质量、预警提醒等各种信息进行综合展示，针对不同用户的关注信息偏好，开发了多维度综合展示大屏，并结合三维模型进行定制开发，实现综合信息三维可视化展示。

综合展示的主要界面如图 5.4.39、图 5.4.40 所示。

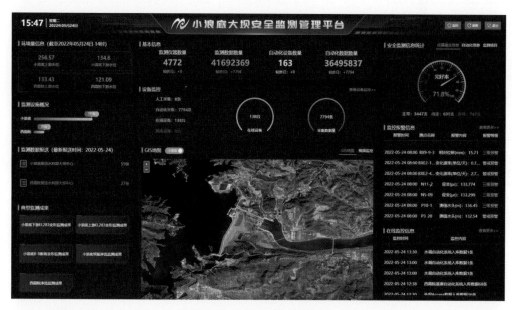

图 5.4.39　综合展示界面 1

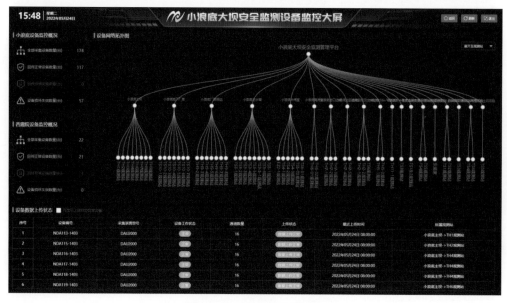

图 5.4.40　综合展示界面 2

5.4.9　工程管理

工程管理模块实现水利水电工程信息、安全监测结构信息等工程相关信息的管理，主要包括工程信息管理、工程结构管理、工程台账管理、工程资料管理和运行监督管理，工程管理模块功能如表 5.4.8 所示。

表 5.4.8　工程管理模块功能列表

序号	功能名称	描述
1	工程信息管理	实现对工程基本信息的管理
2	工程结构管理	实现对工程结构信息的增、删、改、查等管理
3	工程台账管理	实现对工程报警、监控、稽查及资产登台账的综合管理
4	工程资料管理	实现对工程中的各项文档资料的管理，包括文档信息管理、文档检索、标准库管理及文档信息统计等
5	运行监督管理	实现对工程运行监督项目记录等管理功能

工程管理模块主要功能界面如图 5.4.41～图 5.4.44 所示。

图 5.4.41　工程信息管理界面

图 5.4.42　工程结构管理界面

图 5.4.43　工程台账管理界面

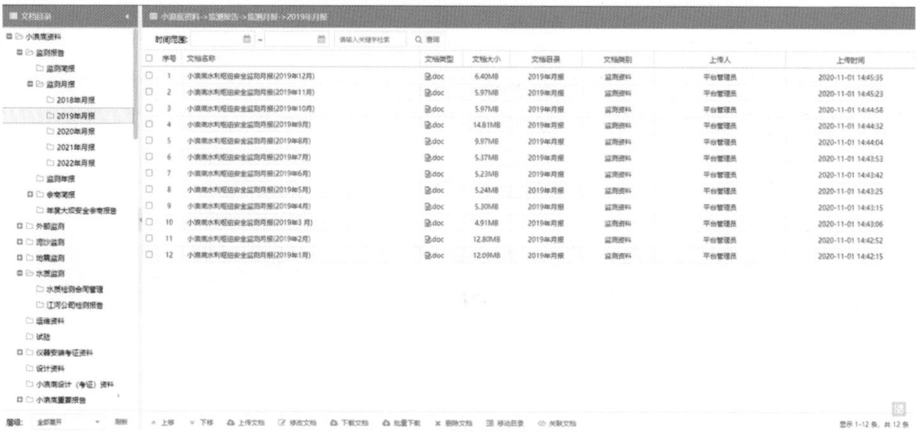

图 5.4.44　工程资料管理界面

5.4.10　系统管理

系统管理模块主要包括用户管理、角色管理、权限管理及日志管理。

大坝安全智能监控预警云服务平台系统设计了单位、工程、用户三级权限控制体系，每个安全监测实施单位可以拥有多项安全监测工程，每项安全监测工程可以授权给多名系统用户。系统包括系统管理员、安全监测负责人、数据录入人员、资料分析人员、巡视检查人员等多种角色，并支持系统用户角色的自定义。

另外，系统通过 Apache Shiro 框架实现系统可配置化权限控制，并以系统日志的形式记录用户操作过程，实现对系统事件的监视及事后追踪（表 5.4.9）。

表 5.4.9　系统管理模块功能列表

序号	功能名称	描述
1	用户管理	可提供用户注册、密码找回等功能，同时可实现启用、停用、编辑、删除等用户管理功能

续表

序号	功能名称	描述
2	角色管理	实现对系统不同角色的查询、新增和删除等管理功能
3	权限管理	实现对用户使用系统不同权限的控制管理，不同用户赋予不同的功能权限
4	日志管理	实现对系统登录和用户操作的记录管理，管理员可检索查询不同操作记录

5.4.11　移动应用

开发手机和平板电脑 APP 软件及企业微信应用，主要用于现场巡视检查、人工观测、自动化监测系统即时采集，为用户提供系统状态、重要即时信息的查询等功能。能够自由设定巡查路线和巡查项目，系统提供巡查文字、图片、音频、视频的实时回传或缓存后上传等功能。移动应用主要包括数据录入、信息查询、移动巡检和报警提醒等功能（表 5.4.10）。

表 5.4.10　移动应用模块功能列表

序号	功能名称	描述
1	数据录入	可提供移动端数据录入功能，随时随地录入安全监测数据
2	信息查询	实现对安全监测数据查询，以图表方式展示数据
3	移动巡检	提供人工观测、巡视检查及其他现场检查的记录，可选择在移动端缓存或上传
4	报警提醒	系统中出现的报警数据在移动端推送给相应用户

移动应用主要功能界面如图 5.4.45、图 5.4.46 所示。

图 5.4.45　数据录入界面

图 5.4.46　信息查询界面

5.4.12　系统集成

系统基于微服务架构实现水库大坝相关安全管理相关业务子系统的集成，将功能封装为独立的 Web 服务，通过系统调用与组合，将安全监测自动化系统、水文气象监测系统、大坝强震监测系统与 GNSS 监测系统进行系统集成，通过调用各个业务系统的开放接口（数据采集、数据报送等接口），进行数据的同步及设备的控制采集，达到总系统与子系统双向通信的目的，打破各个业务系统之间的"信息孤岛"，实现工程安全综合管理系统集成（图 5.4.47）。

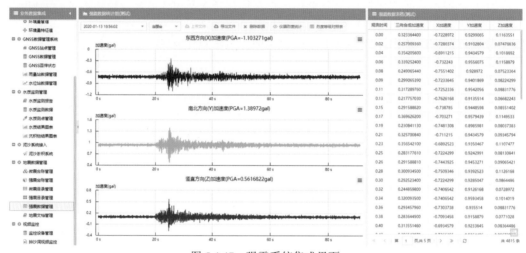

图 5.4.47　强震系统集成界面

5.5　平台应用模式

大坝安全智能监控预警云服务平台系统可面向水利水电工程运行管理单位、流域开发公司或集团公司、区域行政管理部门、行业监管部门、第三方服务机构开放使用，平台应用模式如图 5.5.1 所示。

图 5.5.1　平台应用模式

（1）水利水电工程：作为现地信息采集层，向流域公司或集团公司汇聚数据，是大坝安全智能监控预警云服务平台系统的数据来源，也是监控对象。

（2）运行管理单位、流域开发公司或集团公司、区域行政管理部门：作为工程的直接管理单位或主管单位，可建设统一的数据中心并部署大坝安全智能监控预警云服务平台系统，集中管理所辖水库大坝或水电站大坝安全信息，实现工程安全智能监控预警。

（3）行业监管部门：为水利部大坝安全管理中心或国家能源局大坝安全监察中心，接收各水利水电工程报送的安全监测数据，行使行业监管职能。

（4）第三方服务机构：受业主委托，通过授权从大坝安全智能监控预警云服务平台系统获取大坝安全监测数据，开展资料整编分析与安全评价工作。

（5）大坝安全智能监控预警云服务平台系统：实现大坝安全信息的采集、处理、整编、分析、监控、预警，提供全生命周期大坝安全信息化支撑。

工程应用

6.1 丹江口水利枢纽工程

丹江口水利枢纽工程是治理开发汉江的关键性工程，也是南水北调中线水源工程，是 I 等大（1）型工程。丹江口大坝加高工程完工后，枢纽工程任务调整为以防洪、供水为主，结合生态、发电、航运等综合利用，丹江口水库水域面积达 1 022.75 km²，蓄水量达 290.5 亿 m³。

长江科学院根据丹江口水利枢纽工程大坝加高工程的安全监测技术需求，运用自主研发的相关技术和成套设备，为丹江口水利枢纽工程智能安全监测系统建立提供有效的技术支撑（图 6.1.1～图 6.1.4）。主要成果应用情况如下。

（a）廊道内数据采集单元安装图　　　　　　　（b）户外数据采集单元安装图

图 6.1.1　丹江口水利枢纽廊道及野外观测站

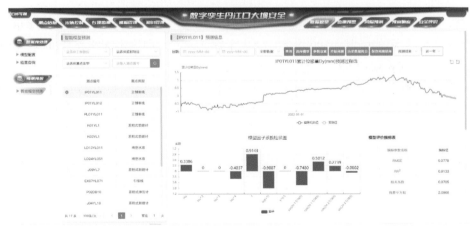

图 6.1.2　智能算法模型计算结果界面

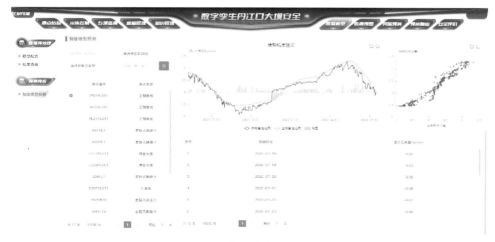

图 6.1.3　模型精度验证界面

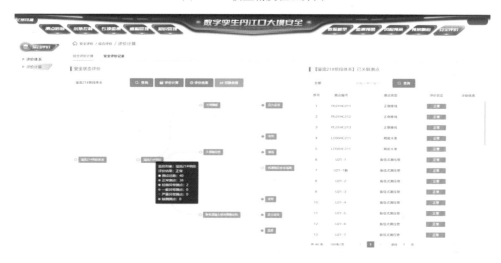

图 6.1.4　运行性态在线综合评价界面

（1）长江科学院承担了丹江口水利枢纽 2017 年蓄水试验期安全监测自动化系统建设任务，使用了自主研发的具有自适应自诊断功能的普适型大坝安全监测采集单元 85 套，接入安全监测传感器 1 500 余支，建立了物联高并发和同步策略处理机制，保障了蓄水试验期加密观测的实时自动化监测需求。

（2）长江科学院参与了数字孪生丹江口工程建设，在丹江口大坝安全监测自动化系统建设基础上，针对丹江口枢纽工程结构特点、安全隐患与薄弱环节，提升了枢纽工程安全监测采集的智能化水平，构建标准化的数据汇集、清洗、治理、存储方案，建立大坝安全分析模型、评判准则和预警机制，进而实现丹江口枢纽工程标准化、规范化、智能化、可视化的智能分析预警，实现了大坝安全在线分析评价，守住工程安全底线。

6.2　金沙江溪洛渡水电站

溪洛渡水电站是我国西电东送中线的骨干电源之一，是金沙江下游梯级开发的第三级水电站。溪洛渡水电站以发电效益为主，兼有防洪、拦沙和改善下游航运条件等综合效益，具有不完全年调节能力，是一等大（1）型水电工程。溪洛渡工程由拦河大坝、泄洪建筑物、引水发电建筑物等组成，水库坝顶高程610.00 m，最大坝高285.50 m，坝顶中心线弧长681.51 m，总装机容量为13 860 MW。

长江科学院根据溪洛渡水电站"高拱坝、高水头、大泄量、窄河谷"的工程特点，运用自主研发的相关技术和成套设备，建成了溪洛渡水电站安全监测自动化系统（图 6.2.1～图 6.2.4）。主要成果应用情况如下。

（a）大坝监测站（DB-19）数据采集单元布置图　　　（b）CK-MCU 采集单元机箱内部图

图 6.2.1　大坝监测站（DB-19）及 CK-MCU 采集单元（16 通道）

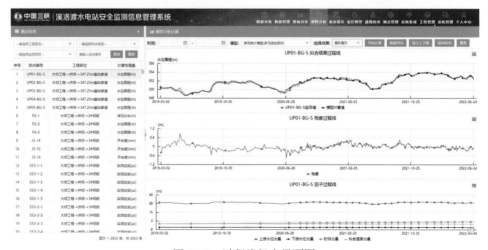

图 6.2.2　过程线组合界面图

图 6.2.3　系统巡测界面（巡测时间 4～5 min）

图 6.2.4　安全监测可视化大屏界面

（1）应用了适合水利水电工程的安全监测智能采集技术。采用基于谱插值算法的振弦传感器频率信号采集技术，显著提升了振弦式内观仪器的测值稳定性和可靠性。使用自主研发的具有自适应、自诊断功能的普适型大坝安全监测采集单元近 400 套，接入内观自动化系统的测点总数 7 600 余支，系统的集成效率高。经现场实测，完成单次全部测点巡测的用时小于 5 min，巡测效率提升显著，为紧急情况下的实时预警提供了技术支撑。

（2）建立了通用化、组件式、全业务功能的安全监控自动化管理平台。通过集成自主研发的智能安全监测成套设备，对大坝安全监测信息进行快速接入、统一管理与智慧应用。提出了不同监测物理量的安全监控模型，建立了"高效管理-专业分析-智能预警"的大坝安全状态智能监控体系。

6.3　金沙江向家坝水电站

　　向家坝水电站是金沙江梯级开发中的最后一个梯级，工程以发电为主，同时改善航运条件，兼顾防洪、灌溉，并具有拦沙和对溪洛渡水电站进行反调节等作用。水库总库容 51.63 亿 m^3，调节库容 9.03 亿 m^3，灌溉面积 375.48 万亩[①]。工程枢纽主要由挡水建筑物、泄洪消能建筑物、冲排沙建筑物、左岸坝后引水发电系统、右岸地下引水发电系统、通航建筑物及灌溉取水口等组成，为一等大（1）型工程，电站装机容量 6 400 MW。

　　长江科学院根据向家坝水电站安全监测测点数量多、分布范围广、工作场景多样等工程特点，运用自主研发的相关技术和成套设备，建成了向家坝水电站安全监测自动化系统（图 6.3.1～图 6.3.4）。主要成果应用情况如下。

图 6.3.1　廊道内监测站自动化采集设备安装　　图 6.3.2　户外观测站及自动化采集设备

图 6.3.3　安全监测自动化采集界面

---

① 1 亩≈666.7 m^2。

图 6.3.4 监测简报报表界面

（1）应用了响应速度快、环境适应强、数据传输稳定的安全监测智能采集技术。系统结合向家坝水电站监测站及测点分布特点，采用冗余星形结合局部环形网络拓扑结构，以光纤为主要通信介质，TCP/IP 为通信协议，建立了物联高并发和同步策略处理机制，使用自主研发的具有自适应、自诊断功能的普适型大坝安全监测采集单元近 500 套，接入测点 5 600 余个，接入敷设通信光纤近 30 km，3 min 即可完成全部测点巡回测量，是金沙江下游四大梯级水电站中巡测速度最快的安全监测自动化系统。

（2）建立了融合智慧管理、专业分析、监控预警的安全监控预警平台，实现安全监测数据、监测仪器、采集设备的统一管理。采用基于无监督学习的安全监测数据异常检测方法，实现了不同传感器数据类型异常测值的在线高效智能识别。运用融合多源信息的安全监控预警策略和安全状态智能监控预警体系，为大坝安全监测智能预警和智慧应用提供技术支撑。

6.4 金沙江白鹤滩水电站

白鹤滩水电站是一等大（1）型工程，位于金沙江下游四川省宁南县和云南省巧家县境内，上接乌东德梯级，下邻溪洛渡梯级。白鹤滩水电站的开发任务为以发电为主，兼顾防洪、航运，并促进地方经济社会发展。电站装机容量 16 000 MW，电站左右岸地下厂房各布置 8 台单机容量 1 000 MW 的水轮发电机，为世界上单机容量最大的机组。水库总库容 206.02 亿 m³，调节库容 104.36 亿 m³，防洪库容 75.00 亿 m³。

长江科学院针对白鹤滩水电站内外观测点多（内观测点 13 000 余个，外观变形测点 300 余个）、数据分析处理工作量大等特征，结合人工智能、大数据挖掘算法，开展了白鹤滩水电站智能安全监测系统的设备部署、专业分析、实时预警方面的实践工作（图 6.4.1～图 6.4.5）。主要成果应用情况如下。

图 6.4.1　数据采集单元监测站内安装图

图 6.4.2　数据采集单元边坡安装图

（a）垂线坐标仪现场安装图

（b）倾角计现场安装图

图 6.4.3　垂线坐标仪及倾角计现场安装图

图 6.4.4　白鹤滩水电站安全监测智能管理系统大屏界面

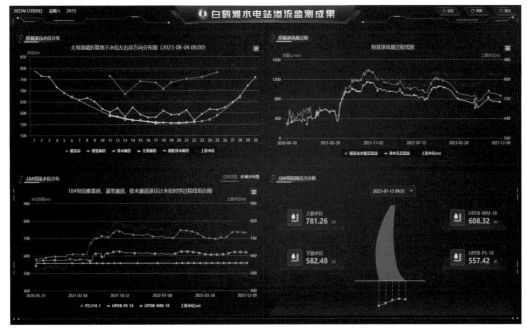

图 6.4.5 白鹤滩水电站监测数据大屏界面

（1）采用了基于线阵 CCD 的垂线坐标仪 50 余套，仪器集信号采集、处理、存储、通信于一体，无须接入采集设备，直接运用以太网接入通信网络，提高了数据汇聚能力和监测效率，为大坝水平位移实时监测提供了有效的技术方式。

（2）采用了基于谱插值算法的埋入式振弦仪器质量鉴定方法，为振弦仪器在信噪比、幅值、衰减率等参数的自动质量评判提出了新途径，并将此技术应用到自主研发的大坝安全监测采集单元，使用近 1 000 套，接入内观自动化系统的测点总数 13 000 余个，实时自动判断每支监测仪器的质量状态，为白鹤滩水电站监测系统的长期稳定运行提供技术手段。

（3）建立了通用化、组件式、全业务功能的安全监控预警平台。基于大数据技术，集成近 1 000 套智能安全监测成套设备，实现了大坝安全监测信息的统一管理与智慧应用。采用基于无监督学习的大坝安全监测数据异常检测方法，实现了不同传感器数据类型异常测值的在线高效智能识别，为 13 000 余个测点每日数据的自动整编工作提供了可靠技术路径。结合拱坝工程特点提出了融合多源信息的安全监控预警策略，建立了适用性强的大坝安全状态智能监控预警体系。

6.5 大藤峡水利枢纽工程

大藤峡水利枢纽工程是国务院批准的珠江流域防洪控制性枢纽工程，也是珠江—西江经济带和"西江亿吨黄金水道"基础设施建设的标志性工程，是两广合作、桂澳合作的重大工程。大藤峡水利枢纽工程是一座以防洪、航运、发电、补水压咸、灌溉等综合利用的流域关键性工程，为 I 等大（1）型工程，总库容为 30.13 亿 m³，电站装机容量 1 600 MW，最大坝高为 80 m，主要由黔江混凝土主坝、黔江副坝、南木江副坝及永久船闸等建筑物组成。

长江科学院运用自主研发的相关技术和成套设备，建成了大藤峡水利枢纽工程自动化安全监测系统（图 6.5.1、图 6.5.2）。主要成果应用情况如下。

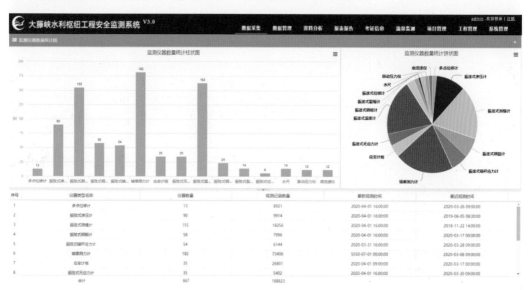

图 6.5.1　安全监测信息统计界面

图 6.5.2　大藤峡大坝安全监控预警大屏界面

（1）采用了自主研发的大坝安全监测采集单元，接入安全监测测点 5 000 余个，设备采用基于谱插值算法的振弦传感器频率信号采集技术，为工程现场振弦式内观仪器的测值稳定性和可靠性提供适用性强的采集方法。运用内置了振弦仪器在线质量鉴定方法的手持式读数仪，可对埋入式振弦式内观仪器进行实时性能分析，为数据的可靠性验证提供了技术手段。

（2）建立了通用化、组件式、全业务功能的施工期-运行期安全监测平台系统。接入自主研发的智能安全监测成套设备，实现了大坝安全监测信息的统一管理、数据整编、专业分析与智慧应用。

6.6　小浪底水利枢纽工程

小浪底水利枢纽工程位于河南省洛阳市以北约 40 km 的黄河干流上，是一座以防洪、防凌、减淤为主，兼顾发电、灌溉、供水等综合利用的水利枢纽工程，是 I 等大（1）型工程。小浪底水利枢纽坝顶高程 281 m，正常高水位 275 m，总库容 126.5 亿 m^3，淤沙库容 75.5 亿 m^3，调水调沙库容 10.5 亿 m^3，长期有效库容 51 亿 m^3，水库面积达 272.3 km^2，控制流域面积 69.42 万 km^2，总装机容量为 180 万 kW。

长江科学院基于大坝安全智能监控预警云服务平台系统技术体系，以数据统一管理为前提，以多源数据融合、在线安全监控、离线综合分析为核心，以风险识别自动化、决策管理智能化为目的，开展了小浪底大坝安全监测管理平台建设（图 6.6.1～图 6.6.4）。主要成果应用情况如下。

图 6.6.1　仪器汇总界面

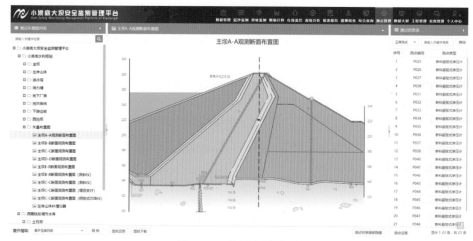

图 6.6.2　监测布置界面

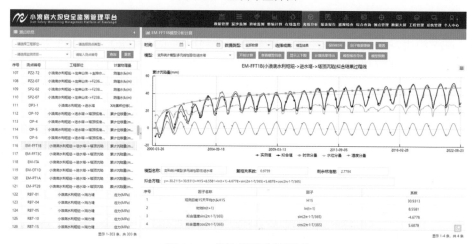

图 6.6.3　统计模型分析界面

图 6.6.4　工程总体大屏界面

（1）基于 B/S 模式、微服务架构和私有云平台开发部署了小浪底大坝安全监测管理平台，打破了多套原有业务系统的技术壁垒，实现了多源异构大坝安全监测数据的汇聚、清洗、管理、分析、监控与共享应用，实现了安全监测自动化系统、泥沙监测自动化系统、GNSS 等其他已有系统的数据接入和统一管理，推动了安全监测业务的数字化、流程化和规范化。

（2）形成了集自动化数据采集、智能化数据分析、智慧化在线监控和监测成果大屏展示于一体的大坝安全监测管理平台，实现对小浪底大坝和西霞院大坝安全监测的集中管控，并且能够实现异常数据在线判别、运行性态综合评价，有效提升了大坝安全在线监控预警能力，全方位支撑工程安全"预警"及"预演"业务实现，为小浪底工程安全运行提供了专业化平台，也为数字孪生小浪底数据底板、工程安全专业模型及业务应用建设提供了有力支撑。

6.7　珠江三角洲水资源配置工程

珠江三角洲水资源配置工程是国务院要求加快建设的全国 172 项节水供水重大水利工程之一，输水线路总长度 113.2 km。实施该工程可有效解决受水区城市经济发展的缺水矛盾，改变广州市南沙区从北江下游沙湾水道取水及深圳市、东莞市从东江取水的单一供水格局，提高供水安全性和应急备用保障能力，适当改善东江下游河道枯水期生态环境流量，对维护广州市南沙区、深圳及东莞市供水安全和经济社会可持续发展具有重要作用。

长江科学院根据工程距离长、工作场景多样等特点，运用自主研发的相关技术和成套设备，建成了珠三角施工期安全监测自动化系统（图 6.7.1～图 6.7.3）。主要成果应用情况如下。

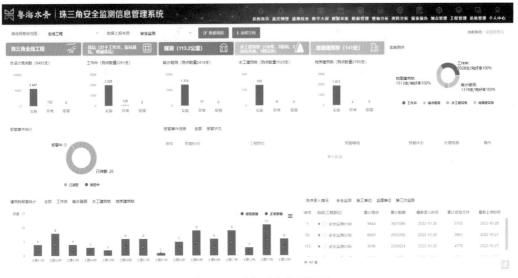

图 6.7.1　系统平台首页界面

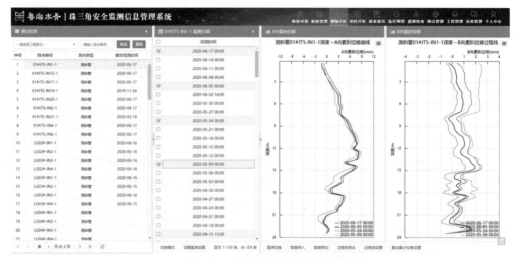

图 6.7.2　测斜管累积位移曲线界面

图 6.7.3　监测数据大屏界面

（1）使用了自主研发的通信方式多样的安全监测采集单元，系统组网运用工业以太网、LoRa、4G 无线通信方式相结合，通过搭建自定义传输通信协议建立了物联高并发和同步策略处理机制，显著提升了安全监测系统的适应性和稳定性。

（2）运用了基于 MEMS 微机电技术的固定式测斜仪，采用 CAN 总线通信技术搭建各个传感器测量单元之间的数据交换机制，运用了异常智能识别的变形计算方法，可实现监测部位的空间连续感知和实时变形监测预警。

（3）基于本书技术成果开发的安全监测信息管理系统是国内首个在施工期实现了工程安全监测及时预警的云平台系统，系统涵盖数据采集、管理、整编、分析、展示、监控、预警等 14 项业务应用和移动 APP。系统供工程全线建设管理单位、6 个监理单位、

4 个安全监测单位和 15 个土建施工单位使用，累计接入安全监测测点 3 万余个、管理监测数据 2 000 余万条，为施工期安全监测预警提供了重要的支撑平台，并实现与珠三角智慧工程的有效集成。

6.8　江垭和皂市水利枢纽

江垭水利枢纽工程是澧水流域控制性防洪工程，位于湖南省张家界市慈利县境内，澧水支流溇水中游，被列为水利部和湖南省的重点工程，是一座以防洪为主，兼有发电、灌溉、供水、航运、旅游等综合效益的大（1）型骨干水利工程。江垭水库正常蓄水位 236.0 m，水库总库容 17.41 亿 m³，防洪库容 7.4 亿 m³，为年调节水库，电站总装机容量 300 MW。

长江科学院根据江垭水利枢纽工程安全监测自动化改造及数字孪生预报预警需求，运用自主研发的相关技术和成套设备，建成了江垭水利枢纽工程智能安全监测预警系统（图 6.8.1、图 6.8.2）。主要成果应用情况如下。

（a）数据采集单元　　　　　　　　（b）现场布置图

图 6.8.1　江垭水电站数据采集单元和线阵 CCD 引张线仪现场布置图

图 6.8.2　测点过程线界面

（1）长江科学院于 2019 年承担了江垭水利枢纽工程安全监测自动化改造工程。使用了自主研发的大坝安全监测采集单元，运用以太网的通信方式使采集设备快速接入系统，采用基于谱插值算法的振弦传感器频率信号采集技术，提升了振弦式内观仪器的测值稳定性和可靠性。

（2）长江科学院于 2022 年牵头了数字孪生江垭工程建设。在江垭大坝安全监测自动化系统的建设基础上，针对江垭水利枢纽的工程结构特点、安全隐患、薄弱环节，建立了大坝不同监测物理量的预测模型、监控指标、预警方法及评价机制，实现了江垭水利枢纽标准化、智能化、可视化的智能预报预警和大坝安全在线分析评价，为工程安全提供强有力的技术支撑。

江垭水利枢纽工程运用长江科学院自主知识产权的 CK 系列智能化安全监测成套采集及感知设备，建立并全面提升了安全监测预警平台。

皂市水利枢纽工程是澧水流域控制性防洪工程，位于洞庭湖水系澧水流域的一级支流溇水上，是大（1）型工程。坝址控制流域面积 3 000 km^2，占溇水总流域面积的 93.7%，总库容 14.39 亿 m^3，防洪库容 7.83 亿 m^3，库容系数为 0.32，系年调节水库。枢纽任务以防洪为主，兼有发电、航运、供水、灌溉、旅游等综合作用。

长江科学院根据皂市水利枢纽工程安全监测预报预警的技术需求，运用自主研发的相关技术和成套设备，建成了皂市水利枢纽工程智能安全监测预警系统（图 6.8.3～图 6.8.5）。主要成果应用情况如下。

（1）采用自主研发的线阵 CCD 引张线仪和垂线坐标仪，运用基于线阵 CCD 的反馈式自适应调光技术，通过光照强度的实时动态调整实现高可靠性测量，结合边缘侧物理量实时获取与处理技术，实现了测量数据在采集端的计算分析，提升了数据采集效率及预警触发响应时间。

（a）垂线坐标仪安装图　　　　　　　（b）数据采集单元安装图

图 6.8.3　皂市水电站垂线坐标仪和数据采集单元安装图

图 6.8.4 分析预警专题场景界面

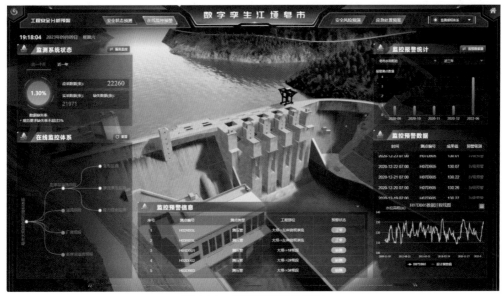

图 6.8.5 监控预警信息界面

（2）使用自主研发的大坝安全监测采集单元，为工程内观仪器提供稳定可靠的采集设备。采用埋入式振弦仪器在线评价鉴定方法，为振弦仪器的数值可靠性地提供技术依据。

（3）针对皂市水利枢纽的工程结构特点，根据工程安全隐患、薄弱环节的综合分析，建立了大坝不同监测物理量的预测模型、监控指标、预警方法及评价机制，建立了皂市水利枢纽标准化、智能化、可视化的智能预报预警机制，提供了大坝安全在线分析评价的技术手段。

6.9 兴隆水利枢纽工程

兴隆水利枢纽是汉江干流规划中的最下一级，位于汉江下游湖北省潜江、天门市境内，上距丹江口枢纽 378.3 km，下距河口 273.7 km，由拦河水闸、船闸、电站厂房、鱼道、两岸滩地过流段及其上部的连接交通桥等建筑物组成，是 I 等大（1）型工程。枢纽正常蓄水位 36.2 m，相应库容 2.73 亿 m^3，设计及校核洪水位 41.75 m，总库容 4.85 亿 m^3。规划灌溉面积 327.6 万亩。

长江科学院运用自主研发的相关技术和成套设备，建成了兴隆水利枢纽工程智能安全监测系统（图 6.9.1、图 6.9.2）。主要成果应用情况如下。

图 6.9.1 枢纽安全监控预警界面

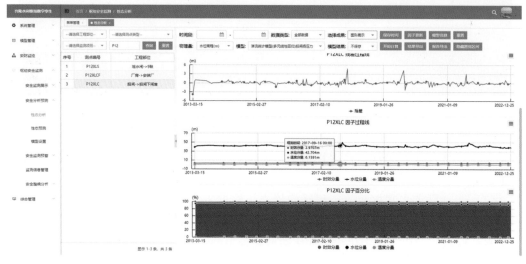

图 6.9.2 安全监测模型建立与分析界面

（1）承担了兴隆水利枢纽工程安全监测自动化系统改造。运用了自主研发的固定式测斜仪、线阵 CCD 引张线仪和垂线坐标仪等智能变形监测仪器，建立了多通信方式的交互网络和多源监测数据的实时感知体系，为多类型物理量的数据获取提供了高适应性的技术手段。采用了自主研发的具有自诊断大坝安全监测采集单元，设备采用基于谱插值算法的振弦传感器频率信号采集技术，显著提升了振弦式内观仪器的测值稳定性和稳定性。

（2）参与了兴隆水利枢纽数字孪生工程建设，承担了项目中安全监测相关业务应用和三维展示模块的开发建设。

基于数字孪生汉江兴隆水利枢纽总体架构，开展枢纽安全监测业务应用建设，集成改造安全监测自动化系统，通过构建枢纽安全监测专业模型，集成开发枢纽安全监测功能模块，实现枢纽安全监测数据的统一管理、分析和预警。同时，建设枢纽安全监测可视化模型，实现枢纽安全监测应用场景三维展示，为工程安全运行及管理提供支持。

参 考 文 献

[1] IHA Central Office. 2022 Hydropower status report[R]. London: International Hydropower Association, 2022.

[2] KONG L, PENG X, CHEN Y, et al. Multi-sensor measurement and data fusion technology for manufacturingprocess monitoring: A literature review[J]. International journal of extreme manufacturing, 2020, 2(2): 1-27.

[3] 何金平. 大坝健康状态综合诊断方法研究进展[J]. 水电与新能源, 2016(1): 1-6, 11.

[4] 卓四明, 邵灿辉. 新一代大坝智能数据采集终端的设计与实现[J]. 水利信息化, 2023(3): 62-65, 76.

[5] 周少良, 胡万玲. 数字孪生水利工程背景下的大坝安全监测系统建设研究[J]. 人民珠江, 2023, 44(S2): 437-442, 455.

[6] 黄跃文, 牛广利, 李端有, 等. 大坝安全监测智能感知与智慧管理技术研究及应用[J]. 长江科学院院报, 2021, 38(10): 180-185, 198.

[7] SHAO C, GU C, YANG M, et al. A novel model of dam displacement based on panel data[J]. Structural control & health monitoring, 2018, 25(1): 1-13.

[8] 谢梦龙, 叶新宇, 张升, 等. LASSO 算法及其在边坡稳定性分析中的应用[J]. 岩土工程学报, 2021, 43(9): 1724-1729.

[9] 杨宁, 卢正超, 乔雨, 等. 乌东德水电站施工期大坝安全监测自动化[J]. 水力发电, 2021, 47(11): 113-117.

[10] 许雷, 齐智勇, 周建波, 等. 大坝安全监测信息诊断分析系统研发与应用[J]. 大坝与安全, 2023(2): 24-28.

[11] 崔何亮, 张秀丽, 王玉洁, 等. 水电站大坝在线监测管理平台的探索与实践[J]. 大坝与安全, 2018(2): 31-36.

[12] 高闻, 杨国华. 安全监测数据分析软件开发中的若干技术问题[J]. 水利水电技术(中英文), 2022, 53(S1): 123-132.

[13] QIU X, REN Y, SUGANTHAN P N, et al. Empirical mode decomposition based ensemble deep learning for load demand time series forecasting[J]. Applied soft computing, 2017, 54: 246-255.

[14] AMIN M H, GOLSA M, K. L N, et al. The role of artificial intelligence and digital technologies in dam engineering: Narrative review and outlook[J]. Engineering applications of artificial intelligence, 2023, 126:106813.

[15] 胡超, 李程, 郑华康, 等. 基于数据挖掘的大坝安全监测数据关联分析[J]. 大坝与安全, 2023(5): 43-47.

[16] NOVO S, VIEU P, ANEIROS G, et al. Fast and efficient algorithms for sparse semiparametric bifunctional regression[J]. Australian & new zealand journal of statistics, 2022, 63(4): 606-638.

[17] NTURAMBIRWE J F I, HUSSEIN E A, VACCARI M, et al. Feature reduction for the classification of bruise damage to apple fruit using a contactless FT-NIR spectroscopy with machine learning[J]. Foods, 2023, 12(1): 210.

[18] ALLAWI F M, JAAFAR O, EHTERAM M, et al. Synchronizing Artificial Intelligence Models for Operating the Dam and Reservoir System[J]. Water resources management, 2018, 32(10): 3373-3389.

[19] 陈杰. 基于神经网络的常规气候要素订正算法研究[D]. 南京: 南京信息工程大学, 2022.

[20] 毛索颖, 黄跃文, 李云友. 基于频谱反馈的振弦传感器自适应激励策略研究[J]. 传感技术学报, 2023, 36(4): 522-528.

[21] 毛索颖, 周芳芳, 胡超. 大坝埋入式振弦监测仪器性能评价指标的研究与优化[C]//中国水利学会. 2023 中国水利学术大会论文集（第五分册）. 武汉: 长江水利委员会长江科学院, 2023.

[22] 黄跃文, 周芳芳, 韩笑. 无线低功耗安全监测采集系统设计与研究[J]. 长江科学院院报, 2019, 36(6): 153-156, 170.

[23] 易华, 韩笑, 王恺仑, 等. 物联网技术在大型水电站安全监测自动化系统中的应用[J]. 长江科学院院报, 2019, 36(6): 166-170.

[24] SHENGWEI W, HONGQUAN C, WENJING S, et al. Research on habitat quality assessment and decision-making based on semi-supervised ensemble learning method:Daxia River basin, China[J]. Ecological indicators, 2023, 156: 111153.

[25] 牛广利, 胡雨新, 胡蕾, 等. 工程安全综合评价模型研究及数字孪生应用[J]. 人民长江, 2024, 55(4): 239-243, 261.

[26] 周心怡, 胡蕾, 张启灵. 考虑谷幅收缩变形的高拱坝多源信息融合安全评判[J]. 长江科学院院报, 2023, 40(1): 87-93.

[27] 张锋, 彭思唯, 杜泽东. 基于 CAN 总线的双轴测斜系统设计[J]. 长江科学院院报, 2023, 40(5): 183-190.

[28] 刘昌明, 时朵, 黄跃文, 等. 基于 CAN 总线的固定测斜仪数据采集系统设计[J]. 仪表技术与传感器, 2020(5): 53-57.

[29] 高旗, 陈青松, 杨贵玉, 等. MEMS 倾角传感器研究现状及发展趋势[J]. 微纳电子技术, 2021, 58(12): 1054-1063, 1076.

[30] 段英宏, 闫魁, 王鑫蕊, 等. 基于 NB-IoT 的无线抄表系统设计与实现[J]. 工业控制计算机, 2024, 37(2): 27-28, 31.

[31] 周芳芳, 张锋, 杜泽东, 等. 基于微处理器和多通信方式的大坝变形智能监测仪器的设计与实现[J]. 长江科学院院报, 2024, 41(2): 167-172, 180.

[32] 黄跃文, 毛索颖. 垂线坐标仪自动化标定系统的研发与应用[C]//中国水利学会. 2023 中国水利学术大会论文集(第六分册). 武汉: 长江科学院工程安全与灾害防治研究所, 2023.

[33] 赵彪. 基于线阵 CCD 的坝体变形监测仪的研究及设计[D]. 长沙: 湖南大学, 2015.

[34] 光电式(CCD)垂线坐标仪[S]. 北京: 中国标准出版社, 2007.

[35] 汪斌, 卢晓华. 一元线性校准曲线不确定度评定与适用条件的讨论[J]. 计量科学与技术, 2022, 66(7): 45-49, 44.

[36] 周芳芳, 毛索颖, 黄跃文, 等. 基于线阵 CCD 和 CAN 总线通信的引张线仪的设计与实现[J]. 长江科学院院报, 2021, 38(4): 150-154.

[37] 周芳芳, 毛索颖, 黄跃文. 基于双微处理器的传感器自动采集装置设计与实现[J]. 长江科学院院报, 2019, 36(6): 157-160.

[38] 谢长江, 梁永荣, 林艳燕. 基于 LoRa 的水库大坝智能安全监测系统研究与实现[J]. 电气自动化, 2021, 43(3): 16-19.

[39] 毛索颖, 周芳芳, 曹浩. 一种振弦差阻复用型读数仪的设计与实现[J]. 电子测量技术, 2021, 44(6): 149-155.

[40] 牛广利, 李端有, 李天昀, 等. 基于云平台的大坝安全监测数据管理及分析系统研发与应用[J]. 长江科学院院报, 2019, 36(6): 161-165.

[41] 牛广利, 李天昀, 何亮, 等. 大坝安全监测云服务系统的研发与应用[J]. 中国水利, 2018(20): 42-45.

[42] 罗璐, 李志, 张启灵. 大坝变形预测的最优因子长短期记忆网络模型[J]. 水力发电学报, 2023, 42(2): 24-35.

[43] 牛广利, 李天昀, 杨恒玲, 等. 数字孪生水利工程安全智能分析预警技术研究及应用[J]. 长江科学院院报, 2023, 40(3): 181-185.